生物界的奇妙冷知识

动物江湖

二猪 编著
野作 绘

意想不到的动物技能大揭秘

人民邮电出版社
北京

图书在版编目（CIP）数据

动物江湖：意想不到的动物技能大揭秘 / 二猪编著；
野作绘. -- 北京：人民邮电出版社，2025.6. -- ISBN
978-7-115-64547-0

Ⅰ．Q95-49

中国国家版本馆 CIP 数据核字第 2024LQ5948 号

内 容 提 要

你是否曾想过，动物世界中也存在着江湖恩怨，英雄豪杰？动物之间的"恩怨"与它们的习性息息相关，本书就带你揭开动物习性的奥秘，一起认识动物界的各路侠士，探索它们独特的生存之道。本书共分为 8 个章节，每个章节深入剖析一类动物的特殊技能与生存策略。从力大无穷的巨灵门，到速度惊人的凌霄门；从精通暗器的神机门，到隐匿行踪的灵隐门，再到技艺非凡的六绝门和奇行种，书中详细描述了 46 种动物的生活环境、习性特点以及它们在自然界中的独特地位，让读者仿佛置身于一个充满传奇色彩的动物江湖。本书以独特的视角，将动物们的奇特行为与江湖故事相结合，为读者呈现一个充满惊奇与智慧的自然世界。本书适合对自然世界充满好奇的读者，尤其是自然科学、动物知识爱好者。

◆ 编　著　二　猪

　绘　　　野　作

　责任编辑　陈　晨

　责任印制　马振武

◆ 人民邮电出版社出版发行　　北京市丰台区成寿寺路 11 号

　邮编　100164　　电子邮件　315@ptpress.com.cn

　网址　https://www.ptpress.com.cn

　北京瑞禾彩色印刷有限公司印刷

◆ 开本：880×1230　1/32

　印张：3.75　　　　　　　2025 年 6 月第 1 版

　字数：159 千字　　　　　2025 年 6 月北京第 1 次印刷

定价：49.80 元

读者服务热线：(010)81055296　印装质量热线：(010)81055316

反盗版热线：(010)81055315

动物们的"江湖"

　　金庸先生曾言："只要有人的地方就有恩怨，有恩怨就会有江湖，人就是江湖。"实际上，在神奇的大自然中，不仅人类社会有江湖，动物也有独属于它们的"江湖"和数不清的恩恩怨怨。江湖中的动物们个个身怀绝技，有的力大无穷，有的快如闪电，有的能用毒杀敌于无形之间，有的能发射暗器百步穿杨，也有骨骼清奇之辈掌握了隐匿行踪之能……动物们的江湖远比人类的武林更加神奇，我们一起进入神奇的"动物江湖"，结识这里的各路英雄豪杰吧。

目录

动物们的"江湖" / 3

巨灵门　一力破万法，
　　　　　　技巧只是力道不足的遮羞布

咸水撕裂者　湾鳄 / 14
世界上最大的鳄

"龙族"　科莫多巨蜥 / 16
世界上最大的蜥蜴

独行王者　虎 / 18
世界上最大的猫科动物

守护者　鲸鲨 / 20
世界上最大的鱼

智者　普通非洲象 / 22
世界上最大的陆生哺乳动物

海洋百侠榜　蓝鲸 / 24
世界上最大的动物

凌霄门 来去如电，倏忽千里；
天下武功，唯快不破

无爪鸟 游隼 / 28
俯冲速度最快的鸟

两极行者 北极燕鸥 / 30
迁徙距离最远的鸟

暗夜伯爵 普通吸血蝠 / 32
会飞行的哺乳类动物

寒号鸟 鼯鼠 / 34
会滑翔的哺乳类

树上飞 斑飞蜥 / 36
会在树之间滑翔的蜥蜴

浪里白条 飞鱼 / 38
会跃出水面滑翔的鱼

神机门 没有完不成的目标，
只有不够神奇的技巧

伏击者 查达射水鱼 / 42
会吐出水柱狙击树上的昆虫

食脑狂魔 大山雀 / 44
外表可爱但生性凶猛的小鸟

过山风 眼镜王蛇 / 46
专门以其他蛇类为食的蛇类

泥潭电击侠 伏打电鳗 / 48
依靠自身放电能力觅食和防御的鱼

寒冰舞者 北美林蛙 / 50
冰冻几个月也不会被冻死的蛙

六绝门 一招鲜吃遍天

金轮阎王 星鼻鼹 / 54
鼻子上有二十二根触手的鼹鼠

雁翎奇侠 穿山甲 / 56
身披与爬行动物类似的鳞甲的哺乳动物

森林医生 大斑啄木鸟 / 58
整天快速大力地啄击木头而不会得脑震荡的鸟类

百枪将 马来豪猪 / 60
浑身长刺但不是刺猬的老鼠

一阳指 指猴 / 62
中指很长的猴子

无毛恶魔 裸鼹鼠 / 64
终生不患癌症的哺乳动物

百毒教

每一个用毒高手
都是医术精湛的医者

丛林小诸葛 棒络新妇 / 68
会吐丝结网的陆生节肢动物

百脚罗汉 少棘蜈蚣 / 70
有一对大毒牙和很多很多腿的节肢动物

化骨棉针 东亚钳蝎 / 72
有着一对大钳和带着尾钩，能够注射毒液的蛛形纲动物

威震天 爪哇屁步甲 / 74
遇到危险就喷出腐蚀性高温液体的鞘翅目动物

彩霞仙子 绿刺蛾 / 76
浑身带刺，被扎一下难受一个月的鳞翅目动物

毒鞭王 纵条矶海葵 / 78
能将毒刺像子弹一样射出的海葵目动物

灵隐门　看不见的敌人最可怕

不死小强　美洲大蠊 / 82
善于躲藏、生命力超级旺盛的昆虫

草上飞　东亚飞蝗 / 84
能结群跨越大海、飞越大洲的昆虫

孤琴剑侠　中华斗蟋 / 86
自带乐器，会演奏音乐的好斗蟋蟀

沙海麒麟臂　美丽鼓虾 / 88
能通过叩击螯发射气泡攻击猎物的动物

锦衣巨无霸　库氏砗磲 / 90
外套膜能散发出七彩光泽的双壳类

奇行种 出其不意 方能制胜

青甲螯将 中华绒螯蟹 / 94
被称为河蟹的海洋蟹类

海中小元霸 蝉形指虾蛄 / 96
拥有神奇的十二原色感光系统的节肢动物

园艺精灵 寻常卷甲虫 / 98
身披盔甲的节肢动物

赛梁兴 双叉犀金龟 / 100
长着巨大的犄角，力大无穷的甲虫

长脚恶魔 椰子蟹 / 102
最大的陆生无脊椎动物

神行太保 金斑虎甲 / 104
行动速度快到自己都看不清路的小甲虫

冥修教

循规蹈矩终究无法突破自己极限，我们偏不走寻常路

七星奇侠 七星瓢虫 / 108
遇到危险会用膝盖喷射有苦味液体的小甲虫

五臂大胃魔 多棘海盘车 / 110
能把胃吐出来消化猎物的奇特生物

金翼蝶王 黑脉金斑蝶 / 112
取食有毒植物汲取其中的精华为自己所用的蝴蝶

勤劳者 德州芭切叶蚁 / 114
会自己"耕种"的蚂蚁

袖里藏剑 栉蚕 / 116
看起来无害，但能喷出"胶水"的群居小虫

江湖活化石 文昌鱼 / 118
远古小"鱼"

巨灵门收徒弟对身材有着硬性要求，必须是大个头儿且力大无穷的才能入门。究其原因就是本门武功单讲究一个"一力降十会"，非身强力壮的无法练成。这一门派的顶尖高手们也个个都是动物界各门类里的知名大块头……

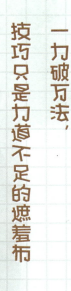

一力破万法，
技巧只是力道不足的遮羞布

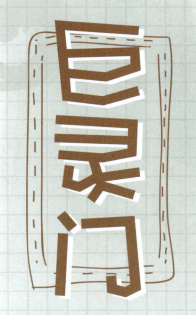

巨灵门

咸水撕裂者
湾鳄

世界上最大的鳄

越是看起来风平浪静的地方，越是有可能危机四伏。

或是平静的水面上，或是一棵朽木下，任何一点涟漪，都有可能隐藏着致命的杀机！

湾鳄因为栖息在咸水或半咸水环境，需要将体内多余的盐分排出，所以在它的眼部有能够排出多余盐分的腺体，因此我们会看到鳄鱼流泪，但那并不是因为它"假慈悲"，而是在排出盐分。

坚硬的鳞片像盔甲一样保护自己。

眼部有腺体可以排出多余的盐分，看起来就像流眼泪一样，也因此才有了"鳄鱼的眼泪"之说。

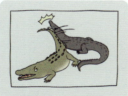

在陆地上受到威胁的时候，湾鳄也会用尾巴进行攻击。

眼睛和鼻孔在身体最上端，便于呼吸和漂浮在水面观察猎物。

可被随时替换的锋利的牙齿。

哺乳类动物一般到了成年后身体会停止生长，而鳄类则不同，它们的身体会随着年龄的增长而一直长大。所以理论上只要寿命足够长，它们就能长到无限大。

湾鳄是世界上现存的体形最大的鳄类，也是榜上有名的巨大爬行动物之一。目前有确切记录的湾鳄是在菲律宾被发现的一条名为"洛龙"（Lolong）的雄性湾鳄，它的体长有 6.17 米，重达 1075 千克。

俗　　名：鳄鱼、咸水鳄、食人鳄
拉丁学名：*Crocodylus porosus*
栖 息 地：河流入海口的淡水、咸水混合的湿地、红树林等地区。
习　　性：性情凶猛，所有经过它嘴边的动物都会被其视作食物。

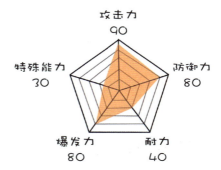

攻击力
90

特殊能力　　　　　防御力
30　　　　　　　　80

爆发力　　　耐力
80　　　　　40

湾鳄一般雄性体形大于雌性；强有力的尾巴可以在水中为湾鳄提供强大的动力，让其可以远涉重洋，游到小岛甚至澳大利亚。

拓展百科

　　以湾鳄、食鱼鳄、扬子鳄为代表，介绍现存主要鳄类分支——真鳄、长吻鳄、短吻鳄的分辨方式。

湾鳄

食鱼鳄

扬子鳄

真鳄类，嘴呈 V 字形，下颌的第四或第六颗牙齿异常突出。

长吻鳄类，嘴像筷子一样细长。

短吻鳄类，嘴呈 U 字形，下颌牙齿基本不露出。

"龙族"
科莫多巨蜥

世界上最大的蜥蜴

在比天涯海角更远的大海上，有一个被称为"神龙岛"的小岛。

然而没人知道这座岛的确切位置。

在海员们的酒后传说中，曾经有一艘商船被龙卷风裹挟到了一个从未有人抵达过的海域，船上的水手们在迷雾之中发现了一座小岛。

它们登岛后进入了岛上的密林中，希望能在其中找到食物和淡水，但最终，只有一个人生还并跑回船上。

生还的人惊恐地告诉其他人，密林中有远古幸存的"龙族"……

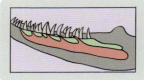

人们普遍认为，科莫多巨蜥的口腔内有着大量的细菌，猎物被咬伤以后，就算逃走，不久也会因感染而死。近年，研究人员还发现在科莫多巨蜥的下颌处有一对巨大的毒腺，撕咬猎物时毒腺就会分泌毒素混入猎物的血液，引发败血症以致猎物死亡。

嘴巴可以张开很大，接近90°，嘴里有毒腺，可以分泌毒液。

分叉的舌头，匕首一样带后弯的锋利牙齿。

有着巨大且锋利的龙一样的爪子。

科莫多巨蜥利用其长而分叉的舌头在空气中捕捉气味分子，这些分子随后被送入犁鼻器，帮助巨蜥确定猎物的位置。

科莫多巨蜥体长可以达到了米，重量接近100千克，是现存体形最大的蜥蜴。

 科莫多巨蜥会捕食一切可以抓到的猎物，甚至捕食体形比自己小的同类。幼年的科莫多巨蜥会爬到树上，等长大才到树下生活，以此保证自己不被其他成年巨蜥杀死。

380万年前的上新世，科莫多巨蜥的祖先就出现在了澳大利亚。后由于冰期的来临，海平面下降，一部分科莫多巨蜥便从澳大利亚大陆自然扩散到了东南亚的岛屿上。

 现存科莫多巨蜥仅有3000多只。

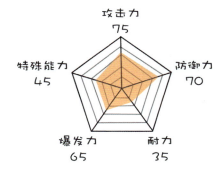

攻击力
75

特殊能力
45

防御力
70

爆发力
65

耐力
35

俗　　　名：科莫多龙
拉丁学名：*Varanus komodoensis*
栖 息 地：岛屿的草地、林地。
习　　　性：性情凶猛的捕食者，甚至会吃掉比自己体形小的同类，幼年生活在树上，成年个体生活在地面。

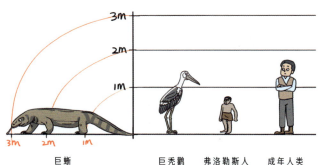

3m

2m

1m

3m　2m　1m

巨蜥　　　　　　巨秃鹳　弗洛勒斯人　成年人类

独行王者 虎

世界上最大的猫科动物

成王的道路永远都是孤独的，
你需要磨好自己的爪子，锻炼自身的"武艺"，
枕戈待旦，
准备迎接随时会到来的挑战。

虎的猎物主要是大型食草动物，不同地区的虎也分别擅长捕捉不同的猎物，比如在印度，有一只孟加拉虎特别擅长捕猎鳄鱼。在东亚文化中，虎一般被视为"百兽之王"。

多数虎其实会爬树，并且能爬上7米高的树，但由于体重过大，很难在较细的树枝上站立，会有掉下来的风险，因此一般只在一些极端情况下才上树。

面部：两眼能够同时直视前方，形成交叉视觉，更好地判断距离，有助于捕猎。

犬齿：巨大的犬齿可以轻易地杀死猎物。

你是谁啊？

狮子和老虎相比谁更威猛？这是一个引起很多人好奇心的问题。以现存的两个物种的平均体长和体重综合比较来看，其实虎要略大于狮。

舌头：猫科动物的舌头上有很多肉刺，而虎的肉刺甚至可以将猎物的毛或肉刮下来。

兄弟你都瘦了。

生活在不同地区的虎体形差异比较大，一般趋势是越是北方大陆寒冷地带的虎，体形越大。

爪子：猫科动物的爪子由肌腱控制，可以伸缩，行动时缩入，捕猎时弹出，以保持锋利。

虎捕猎的成功率其实并不高，一般出击10次有7次都会以失败告终。虎的捕猎策略是伏击，一般会咬住猎物的喉部或口鼻使其窒息而死，但若没能立刻控制住猎物，在追逐距离超过200米的时候它们就会放弃这次捕猎。

跑不动了，跑不动了

虎和毁灭刃齿虎比较

毁灭刃齿虎是一种已经灭绝的大型猫科动物，是我们一般理解的"剑齿虎"的代表。剑齿虎并不是虎，而是剑齿虎亚科刃齿虎属的成员，而虎属于豹亚科豹属，两者关系其实比较远。而且大众认知中的剑齿虎也不是一种特定的动物，而是多种长有"剑齿"的猫科动物的统称。

1. 毁灭刃齿虎的上下颚张合度可以达到 120°，而虎只有 60°，袋剑虎能够超过 130°，但是毁灭刃齿虎的咬合力比较低，只有虎的一半。

2. 毁灭刃齿虎的体形要比虎大很多，估算其体重可以达到 400 千克。

3. 毁灭刃齿虎被认为以捕猎同时代的大型植食动物为食，但由于环境变化，大型动物灭绝，最终因无法适应环境而灭绝，而虎的体形虽然比毁灭刃齿虎小，但适应性更强，逐渐成了地球上最强的捕食动物。

身体上的花纹可以成为一种天然的伪装，很好地和林地里的植物、高草、灌木等背景融合在一起来隐藏自己。

虎是原生于亚洲的大型猫科动物，最早的虎出现在 200 万年前的中国北部和爪哇岛。

虎尾巴的长度可以达到 1 米以上，在奔跑跳跃时起到保持平衡的作用。

俗　　名：老虎、大虫
拉丁学名：*Panthera tigris*
栖 息 地：林地及林地周边的湿地、草原、灌木丛等
习　　性：性情凶猛，是亚洲森林环境的顶级掠食者。

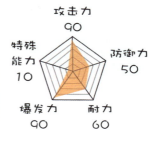

攻击力
90

特殊
能力
10

防御力
50

爆发力
90

耐力
60

守护者 鲸鲨

世界上最大的鱼

数亿年前，它们的祖先拒绝走上陆地，

苦守着这神秘又温柔的家。

数亿年后，它们成了留守者中的佼佼者，

捍卫着这块生命的起源地。

俗　　名：星鲨、豆腐鲨

拉丁学名：*Rhincodon typus*

栖 息 地：热带和温带海域的中上层区域。

习　　性：世界上现存最大的鱼类，性情温和，是以各种小鱼小虾及浮游生物等为食的滤食性鱼类。

攻击力
20

特殊能力
10

防御力
80

爆发力
20

耐力
40

最大个体不确定纪录：体长 18.8 米，35 吨；确切纪录：12.65 米，21.5 吨。

鲸鲨的皮肤厚度可以达到 10 厘米。

今天 30 岁了，你成年了

鲸鲨是世界上现存最大的鱼类，最大纪录达 12.65 米，21.5 吨。其平均寿命可以达到 70～100 岁，30 岁左右的时候达到性成熟。

全球的热带/温带水域都有鲸鲨分布，它们会在水域间进行长达数千千米的迁徙。鲸鲨的主要食物是各种小型动物，它们捕食时会先吸入一大口海水，再将海水通过鳃裂排出，用鳃内的梳状结构将食物过滤下来。

鲸鲨体表遍布白色斑点，宛如夜空中的繁星点点，所以在民间也称其为"星鲨"，是须鲨目鲸鲨科鲸鲨属唯一物种。

鲸鲨是一种卵胎生的鱼类，幼鱼会在母亲的子宫内长到 30～50 厘米长后离开母体，鲸鲨一次最多可以产 300 条幼鱼。

鲸鲨的眼睛非常小，在嘴两边，几乎看不见。

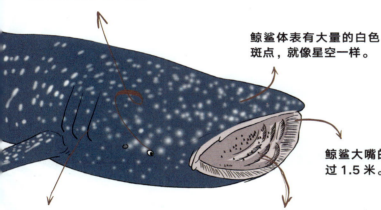

鲸鲨体表有大量的白色斑点，就像星空一样。

鲸鲨大嘴的宽度可以超过 1.5 米。

鲸鲨的鳃上有很多梳状结构，进食时可以将超过 1 毫米的生物都过滤下来。

鲸鲨嘴里有 300 多排，共几千颗细小的牙齿。

拓展百科

世界上最大的鱼（鲸鲨）和第二大的鱼（姥鲨）对比

姥鲨：一般个体成年体长 6~8 米，有可靠测量数据的最大个体达 12.27 米，比鲸鲨略小。

姥鲨的嘴宽度在 1 米左右，但因为能张开的幅度很大，视觉上给人一种比鲸鲨的嘴更大的感觉。

姥鲨的主要食物是各种浮游生物，比如桡足类、鱼卵、甲壳类幼体等。

姥鲨的捕食方式是张开大嘴在海里游动，再用鳃上的梳状结构将食物过滤下来吞入肚子；而鲸鲨不仅能采用这种方式，还会采用吸入海水的"泵吸式"滤食，可以在不游动的情况下进食。

鲸鲨、姥鲨都属于游速缓慢、性情温和的大鱼，但受到渔业影响，数量下降得很快，需要我们保护。

智者
普通非洲象

世界上最大的陆生哺乳动物

身怀利器，却乐善好施。

对待朋友，它们如柔风细雨般温柔；对待敌人，则如狂风骤雨般猛烈。

拓展百科

普通非洲象　非洲森林象　亚洲象

现存3种象对比：普通非洲象、非洲森林象、亚洲象

亚洲象耳朵更小，有些像东南亚地区的轮廓剪影，两种非洲象的耳朵轮廓则更像非洲大陆的轮廓，非洲森林象的耳朵更圆润。

亚洲象只有雄性有外露的象牙，两种非洲象则雌雄都有外露的象牙。普通非洲象象牙更弯曲，尖端朝外，非洲森林象象牙曲度小，更平直，尖端朝下，普遍被认为这是适应森林环境的结果。

两种非洲象头部看起来比较平坦，亚洲象头顶有两个凸起。

两种非洲象鼻子上有两个指状突起，而亚洲象只有一个。

非洲森林象体形最小。

脚：大象的脚掌并不是完全着地的，就像我们穿着高跟鞋一样。

非洲象脚掌有一块厚厚的脂肪形成的掌垫，这种结构可以使脚掌更好地起到承重、支撑的作用。而且掌垫能感受到震动，通过震动可以和同类进行沟通。

成年非洲象每天排出的粪便可以重达80千克，有很多小型动物会专门以大象的粪便为食，比如一些大型蜣螂。

攻击力 70

特殊能力 30

防御力 45

爆发力 50

耐力 60

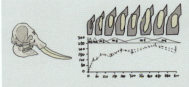

我们看到的大象的长长象牙其实是大象的第二对上门齿。大象除了乳牙、恒牙交替一次外，还有5次特殊的换牙，也就是臼齿接续萌生的过程。大象进食只用最前面的一颗臼齿，当这颗臼齿磨损非常严重的时候，后边一颗臼齿就会萌出，将其替换掉。

当大象最后一颗臼齿磨坏以后，吃东西就会变得非常困难，最后饿死。

大耳朵：象耳朵上有丰富的血管，可以通过扇动耳朵给自己散热。

一只成年非洲象每天要吃150～200千克的植物，它们平均每天需要走十几甚至几十千米的路，花费十几个小时进食。

长牙：既是防卫的武器，也是工具，可以用长牙撕开大树的树皮。

非洲象的长鼻子：可以灵巧地抓握各种物品，上到沉重的树干，下至食物、细小的树枝等，还可以吸水送到嘴里。

四肢：粗壮的四肢只为了支撑起沉重的身体而设计，缺少起跳的能力，因此，大象不能垂直跳起。

俗　　名：大象，非洲大象
拉丁学名：*Loxodonta africana*
栖 息 地：稀树草原、丛林、灌木丛、湿地。
习　　性：现存最大的陆生哺乳类动物之一，雌性非洲象会组成群体生活，由最年长、经验最丰富的个体作为首领。雄性独居。

大象的鼻子可以帮助大象卷起来各种物体，还能帮助大象喝水，吸水的速度可以达到3.7升/秒，相当于20多个抽水马桶同时冲水的速度，成年非洲象吸水时的鼻孔可以容纳将近9升的水。

海洋百侠榜
蓝鲸

世界上最大的动物

它们是歌者，
是隐者，
也是强大的无冕之王。

蓝鲸可以潜水 20 分钟左右，它们的肺活量有 5000 升，浮出水面呼吸时产生的水柱可以达到 10 米。

前肢：鲸类的祖先是一种生活在溪流河湖中的哺乳动物，与河马类似。之后，为了适应水生生活将前肢演化成了鳍状。

鼻孔：共有两个，为了适应水中生活长在身体最顶端。

鲸须：须鲸斜口部表皮形成的巨大角质薄片，呈现出梳状结构，可以将海水中的小鱼小虾过滤出来。

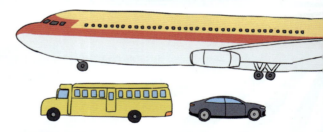

太大了喵不下

蓝鲸最主要的食物就是磷虾，它们会将含有大量磷虾的海水吞入口中，利用舌头和口腔的压力将海水排出，用鲸须把食物滤出来。

瑞氏普尔塔龙也是比肩已知最大恐龙阿根廷龙的超大恐龙，也许体长超过蓝鲸，但体重还是没法比。至于可能是最大飞行动物的风神翼龙，可能是最大鸟类的桑氏伪齿鸟，纳玛象，非洲象，棘龙等，站在蓝鲸跟前都算小个子。看看背景的波音 737-900 飞机，就能简单感受到它的大小了。

俗　　名：剃刀鲸
拉丁学名：*Balaenoptera musculus*
栖息地：各大洋的远洋海域。
习　　性：性情温驯，以磷虾等小型浮游生物为食，能进行长距离迁徙。

世界上最大的动物。最大蓝鲸个体体长34米，体重177吨。

蓝鲸虽然很大，但游泳速度很快，其冲刺速度可以达到50千米/小时，并且可以以20千米/小时以上的速度游泳较长时间。

蓝鲸身体修长，又被称为"剃刀鲸"。

后肢已经退化为股骨。

尾巴为适应水生生活完全变成了鳍状，和鱼类左右摇摆尾巴不一样，蓝鲸是上下拍打水流前进，这是区分它与鱼类的重要特征。

蓝鲸大多数情况下单独生活，有时候也会2～3只形成小群体共同生活一段时间，但在食物密集的区域，可以看到数十头蓝鲸聚集的场面。

蓝鲸的体色并不是纯蓝色的，而是呈现出鼠灰色或淡蓝色的。

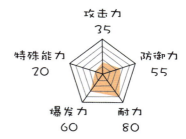

攻击力
35

特殊能力
20

防御力
55

爆发力
60

耐力
80

拓展百科

蓝鲸、磷虾和南极圈海洋生态的关系

磷虾虽然叫虾，长得也很像，但和我们平时吃的对虾关系很远。

在南极海域，生活着非常巨量的磷虾，除了蓝鲸，它们也是很多鱼类、海豹、企鹅的重要食物。

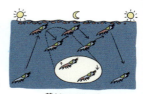

蓝鲸的排泄物

磷虾以硅藻为食，白天会潜入较深的海域，晚上浮上水面取食，吃饱了就下潜，待食物消化后继续上浮取食，直到天亮。

蓝鲸虽然捕食大量的磷虾，但蓝鲸的排泄物中含有丰富的氮、磷、铁等元素，这些排泄物在资源匮乏的极地海域为硅藻生长提供了重要的肥料，起到滋养硅藻生长的作用，而硅藻又成为磷虾的食物，让磷虾种群得以延续壮大。

凌霄门的高手们个个轻功了得，不仅能飞檐走壁，更能展翅直冲云霄。其门派内各位高手钻研的方向也不尽相同，有的专精飞檐走壁，有的专练轻功水上漂，有的追求极致速度的无影爪，还有一飞两万里的神行太保！

天下武功，唯快不破

来去如电，倏忽千里，

夜霄门

无爪鸟 游隼

俯冲速度最快的鸟

鸟类江湖里有一个传说，有一种鸟，是没有爪子的。

胡说，怎么会有鸟没有爪子。

其实是因为它够快，快到风吹不到羽毛，快到声音传不进耳朵，快到闪电摸不到尾羽，快到没有活着的野鸭见过它的爪子。

游隼的眼睛处有一层近乎透明的眼睑来保护眼睛在高速飞行的时候不被沙石所破坏，同时它也起到每时每刻保持眼睛的湿润，去除附到眼球上的异物的作用，其被称为第三眼睑，也叫作瞬膜。

在高速飞行时，空气会通过游隼的鼻腔冲入并损坏它的脏器，为了防止这种情况的发生，游隼在鼻孔处演化出了一个锥体。早期喷气式飞机发动机口的椎体就是模仿游隼这处独特的身体构造设计而成的。

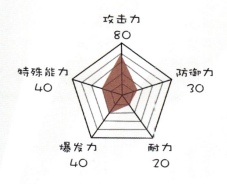

攻击力
80

特殊能力
40

防御力
30

爆发力
40

耐力
20

俗　　名：青燕、鸭虎
拉丁学名：*Falco peregrinus*
栖 息 地：城市、草原、荒漠、湿地
等环境。
习　　性：中型猛禽，飞行速度很快，
主要捕食各种鸟类。

很多鸟类的骨骼都是中空的，因此它们的质量和大小不成正比，游隼也不例外，作为一种体长40厘米，翼展能达到1米的猛禽，它们的体重也就900克左右。

拓展百科

军舰鸟、雨燕、游隼最高速度对比

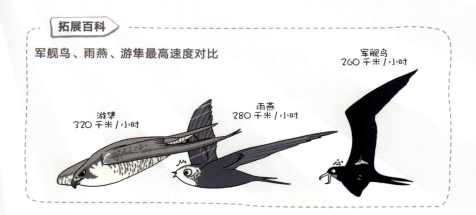

游隼
320千米/小时

雨燕
280千米/小时

军舰鸟
260千米/小时

29

两极行者
北极燕鸥

迁徙距离最远的鸟

　　作为一个传奇，它的一生都在旅行。

　　一年之间，从南极到北极，旅途都留下了它的踪迹。

北极燕鸥是一生中所处白昼的时间比例最高的物种，南极和北极的夏天，是有极昼现象的，处于太阳照射下的时间特别长，在接近极点的区域，甚至终日太阳不落。

北极燕鸥每年都会在南极和北极之间往返一次。北极燕鸥出生在6月，到8月中旬，小燕鸥会和父母踏上旅程，在10月末到达南极，次年的4～5月启程飞往北极求偶。

俗　　名：燕鸥

拉丁学名：*Sterna paradisaea*

栖 息 地：极地苔原和岛屿。

习　　性：擅长飞行，会进行长距离迁徙，往返距离可能超过9万千米。

攻击力 20

特殊能力 30

防御力 10

爆发力 50

耐力 75

拓展百科

从北京雨燕和北极燕鸥迁徙图对比来阐述鸟类迁徙的一些事儿和湿地保护的重要性。

　　1. 两点之间直线最短，鸟类虽然会飞，不会遇到陆地上的障碍，但一般鸟类都不会沿着直线飞。

　　2. 鸟类迁徙的时候，中途会在一些地方临时歇脚，这些往往都是当地食物比较丰富，可以当作加油站的地方。

　　3. 湿地有很多水草、鱼虾、昆虫等食物资源，很多鸟类都把湿地当作迁徙过程中歇脚的地方，如果湿地被破坏可能会影响很多鸟类种群，所以需要保护湿地。

一些学者认为北极燕鸥是为了追逐食物而迁徙。两极夏季几乎不间断的日照，让燕鸥的食物数量也会暴增。

北极燕鸥迁徙时日均飞行距离520多千米，一年可以达到9万千米。

雏鸟一身黑色的绒毛，方便与地表的苔藓、乱石块等环境融为一体，避免被天敌发现。

狭长的翅膀，有利于长距离飞行。

细长的嘴，方便咬住鱼。

比较小的带蹼脚，飞行时可以收起来减小阻力，在水中也可以划水。

北极燕鸥雏鸟

细而分叉的尾巴，可以更好地助力飞行，在高速飞行时有助于保持身体平衡，控制方向。

31

暗夜伯爵
普通吸血蝠

会飞行的哺乳类动物

黑夜里的动物们不敢入睡，它们害怕噩梦来到自己身边。

那是一个黑影，可以悄无声息地接近睡梦中的动物，它用尖利的匕首划开猎物的血管，饱餐一顿后悄然离去……

普通吸血蝠优先选择大型牲畜的主要原因是大型牲畜反应比较迟钝，皮糙肉厚，感官也不像小型动物那么灵敏，而且很多家养牲畜都被圈养，行动受限。

攻击力 25
特殊能力 75
防御力 15
爆发力 20
耐力 30

俗　　名：吸血蝙蝠
拉丁学名：*Desmodus rotundus*
栖 息 地：洞穴、废弃的人类建筑等。
习　　性：昼伏夜出，白天在山洞等隐蔽处休息，待天黑后飞出寻找兽类或禽类吸食血液。

翅膀：蝙蝠的指骨延长，加上皮膜形成翅膀。

拓展百科

蝙蝠的物种多样性

蝙蝠是哺乳动物中种类第二多的类群。

1. 它们的食性非常复杂，不过我们可以简单将其划分为以花蜜、植物果实为食（果蝠）和以昆虫为食（小蝙蝠类）。

2. 蝙蝠在夜间活动，大多是灰不拉几的，但也有些种类特别好看，如洪都拉斯白蝠和我国南方的彩蝠。

3. 蝙蝠回声定位：如马铁菊头蝠等，一些蝙蝠通过演化出复杂的鼻翼结构增强发射超声波的"功率"，还有一些长出来大号的耳朵来提高接收能力。

世界上只有了种专门吸食血液的蝙蝠，都分布在美洲中部和南部。

普通吸血蝠在夜晚活动，它们会先飞到猎物附近，然后落在地上，用尖利的牙齿划开皮肤，将嘴凑到伤口附近，接着通过吸气让口腔内形成负压，这样血液就会顺着下巴上的V形凹槽流到嘴里。

下颚V形的豁口，吸血蝠通过这个小豁口将血吸到嘴里。

牙齿：尖利的牙齿可以咬破猎物的皮肤。

回声定位：蝙蝠会由喉部发出超声波，遇到物体超声波会反射回来，由耳朵接收。

蝙蝠大多是昼伏夜出，吃饱了以后，会回到洞穴中把血液反刍出来给自己的宝宝。

蝙蝠利用超声波回声定位的能力来探知周围的环境。

寒号鸟 鼯鼠

会滑翔的哺乳类

它有着兽的身体，
却怀有一颗鸟的内心。

尖利的爪子：可以紧紧地抓住树干或岩壁，保证降落时的稳定性。

大大的眼睛：能够准确判断距离，对跳跃和滑翔都有帮助。

大门牙：上下门齿暴露了它属于啮齿类。

复齿鼯鼠

胡须：夜间光线弱的时候可以通过胡须探知身体周围的情况。

红白鼯鼠

肥鹞！

红白鼯鼠主要生活在南方，因为长相和大小有点像猫，被误认为"飞猫"，其实却是鼠，鼯鼠属于啮齿目松鼠科。

你看我像不像鸟？

看你不像好鸟儿。

我国古代文献中有对鼯鼠的记载，"寒号鸟"是古人对复齿鼯鼠的俗称。由于古代缺乏现代意义上的科学分类体系，人们往往根据动物的外在特征和行为来命名，因此将能够滑翔的复齿鼯鼠误称为鸟。

蜜袋鼯、鼯鼠、鼯猴 3 种动物的相同与不同之处

三者四肢间都有可以供滑翔的皮膜，但关系很远。蜜袋鼯是有袋目，和袋鼠是一个目；鼯鼠是啮齿目，和老鼠是同一目；鼯猴是皮翼目，和灵长目的猴子有一定亲缘关系。

蜜袋鼯肚子上有育儿袋，鼯鼠和蜜袋鼯的皮膜只在前后肢之间，鼯猴的皮膜延展到尾部。

俗　　名：飞狐、天猫、松猫儿
拉丁学名：*Petaurista alborufus*
栖 息 地：高山林地。
习　　性：昼伏夜出，白天会寻找树洞及其他天然洞穴休息，天黑后出来觅食，黄昏和拂晓时最为活跃，会利用四肢间的皮膜在林间滑翔。

毛茸茸的尾巴：可以在跳跃的时候保持平衡，滑翔的时候控制方向。

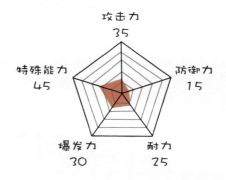

攻击力
35

特殊能力
45

防御力
15

爆发力
30

耐力
25

生活在树林的鼯鼠可以从一棵树飞向另一棵树，四肢之间长有皮膜，能够提供升力，尾巴能做舵控制方向。无动力翼装就和鼯鼠非常相像，因此也叫"飞鼠装"。

生活在北方的复齿鼯鼠不冬眠，它们会在洞里存各种松子、坚果等作为存粮。

树上飞
斑飞蜥

会在树之间滑翔的蜥蜴

据说它们从来不下树，
在茂密的丛林里，神秘而不为人知。

拓展百科

飞蜥起飞的过程

攻击力
5

特殊能力
40

防御力
10

耐力
15

爆发力
20

俗　　名：飞龙、飞蜥
拉丁学名：*Draco maculatus*
栖 息 地：热带亚热带森林。
习　　性：行动敏捷迅速，很少下地
活动，以各种昆虫为食。

斑飞蜥有领地意识，当有其他的同性竞争者进入到自己领地之后，会与其争斗并将其赶出自己的领地。

斑飞蜥体形很小，很多鸟和树栖动物都会捕食它。它背部的花纹可以和树皮融为一体，是很好的伪装。

斑飞蜥分布于热带和亚热带地区的树林里，主要生活在树上，以吃各种昆虫等小型无脊椎动物为生。

斑飞蜥的下巴上长着一块可以展开的"喉旗"。"喉旗"有鲜艳的颜色，可以通过肌肉控制其伸展与收起，以此作为与同类交流的方式。

飞蜥是蜥蜴中一类会飞蜥蜴的统称，中国最常见的是斑飞蜥。

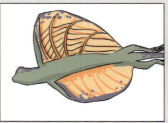

斑飞蜥的翅膀是延伸肋骨，在肋骨中长出了一些肌肉和皮肤，是可以折叠收起来的，平时几乎看不见，在飞行的时候才通过肌肉将肋骨展开。

浪里白条 飞鱼

会跃出水面滑翔的鱼

它们用一对翅膀，踏浪飞翔。

因为师傅教导它说：

每一条鱼的命运都是由你飞得多高决定的。

这是飞鱼家的

飞鱼籽味道很鲜美，在日料店的军舰卷上，一粒粒的被称为"蟹子"的其实并不是螃蟹的籽，而是飞鱼籽。

俗　　名：飞鱼

拉丁学名：*Cypselurus arcticeps*

栖 息 地：温带、亚热带、热带海域上层。

习　　性：喜欢结成大群活动，以海洋上层的浮游生物及小型生物为食，遇到敌害会跃出水面，通过发达的胸鳍滑翔躲避。

尾巴：尾鳍比较大，尾部有力，可以给飞鱼提供强大的动力。

 拓展百科

真假飞鱼

豹鲂鮄、蝠鲼、太平洋皱柔鱼

豹鲂鮄：一种胸鳍特别大的小鱼，经常被错认为是飞鱼，但它是一种底栖鱼类，运动能力很弱，根本不能飞，甚至跃出水面都做不到。

蝠鲼：大型的软骨鱼，有一对胸鳍，也被称为魔鬼鱼，虽然能跃出水面，但不能飞。

太平洋皱柔鱼：会滑翔的鱿鱼，虽然属于软体动物，但它的滑翔行为和飞鱼简直是异曲同工。为了躲避敌害，它们通过喷水跃出水面，然后打开鳍滑翔。不过，虽然能够滑翔，但也有被海鸟捕捉的风险。

蝠鲼

豹鲂鮄

太平洋皱柔鱼

飞鱼还有趋光性，人们会利用它这个特性在夜晚将其吸引过来进行捕捉。

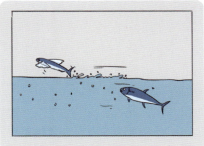

飞鱼可以冲出水面滑翔。被其他大鱼追赶的时候，飞鱼高速游动借着劲冲出水面再打开胸鳍和腹鳍进行滑翔，其高度能达到3～4米，滑翔的距离能够达到100米左右。

胸鳍、腹鳍可以展开，充当滑翔时候的翅膀。

大眼睛：视力良好。

飞鱼虽然能够通过跃出水面滑翔逃脱水中的敌害，但有一些海鸟比如军舰鸟，会专门等飞鱼滑行的时候将其一口叼住。

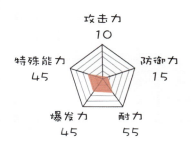

攻击力
10

特殊能力
45

防御力
15

爆发力
45

耐力
55

神机门的高手们钻研的都是各种绝招，行走在江湖上光是听到它们的名字就会让人不寒而栗。本门的大侠们有的会用暗器，有的专门吸人脑髓，更有甚者练出了身体放电的奇功，只有你想不到的，没有它们练不到的！

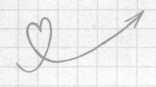

神机门

没有完不成的目标，
只有不够神奇的技巧

伏击者
查达射水鱼

会吐出水柱狙击树上的昆虫

在河海交汇的地方，千万不要在水边的树枝上停留。

因为不知何时就会被水中突然飞来的暗器击落，而等待你的不仅仅是水，还有一张大嘴。

我在你家会折寿

来我家做客吗？

查达射水鱼可以长到40厘米，生活在淡水和海水交汇的水域，此区域有一定的盐度，但又比纯海水的盐度低，也被称为"汽水"区。

俗　　名： 高射炮鱼
拉丁学名： *Toxotes chatareus*
栖 息 地： 河流入海口、红树林等半咸水水域。
习　　性： 生活在水面上层，以各种昆虫或小鱼为食。

尾巴： 短粗有力，能够让射水鱼短距离快速冲刺跃出水面。

 拓展百科

各种有特殊能力的鱼

双须骨舌鱼、鲂鮄、猪齿鱼

双须骨舌鱼特别善于跳跃，能把长长的身体卷成S形，像弹簧一样蓄力，跃出水面1米多高捕食树上的虫子。

鲂鮄将一部分鳍演化成了六条腿一样的结构，这些腿上有很丰富的触觉器官，通过将这些腿探入海底的沙子中寻找藏在沙子里的小动物。

猪齿鱼是一种会使用工具的鱼，会将蛤蜊叼起来用力撞向海底的礁石，直到将蛤蜊壳撞破吃掉里边的肉。

双须骨舌鱼

猪齿鱼

鲂鮄

射水鱼的眼睛很大，视力很好。它就是用这对大眼睛寻找到树枝上的昆虫的。而且它可以通过自己的经验，克服水面光折射的影响，正确判断虫子的位置与距离并命中。

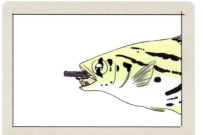

射水鱼的上颚有一道凹槽，舌头上则有一道凸起的"脊"，这两个结构结合到一起就犹如枪的枪膛一般，能够将水像子弹一样射出去。

眼睛：眼睛在身体前端偏上的位置，能够更好地发现水面之外树枝上的昆虫。

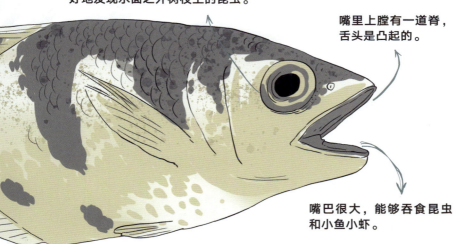

嘴里上膛有一道脊，舌头是凸起的。

嘴巴很大，能够吞食昆虫和小鱼小虾。

有你住哪躲。

有些射水鱼会寻找距离水面不太远的虫子，直接跃出水面将虫子一口吞掉。

攻击力
15

特殊
能力
50

防御力
10

爆发力
30

耐力
15

食脑狂魔
大山雀

外表可爱但生性凶猛的小鸟

时而是身着花衣的歌者，
时而是保护森林的卫士，
然而在这层外皮之下，隐藏着一个不为
人知的身份。

大山雀虽然名字里有个大字，但却和我们常见的麻雀差不多大，不过由于其他山雀的体形更小，一般都在10厘米上下，它就被称为"大"山雀了。

白色的脸颊和肚子上像"拉链"一样的黑色羽毛是大山雀的标志性特征。

长长的尾巴，可以保持平衡并且在飞行时控制方向。

尖锐有力的爪子，能轻易地将小虫子撕碎，并且可以将一些小型动物控制住。

大山雀相当聪明，它们会偷喝人类的牛奶，而且不同的个体、群体之间还会相互学习，并能将这些学习而来的技巧传给下一代，就像我们人类的文化传承一样。

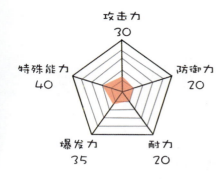

攻击力
30

特殊能力
40

防御力
20

爆发力
35

耐力
20

俗　　名：呀呀黑
拉丁学名：*Parus major*
栖息地：山地树林及城市。
习　　性：小型雀鸟，性情活跃，鸣叫声悦耳。经常呈小型群体在树枝上或地面寻找食物。以各种昆虫或部分种子、浆果为食。

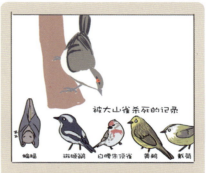

被大山雀杀死的记录

蝙蝠　斑姬鹟　白腰朱顶雀　黄鹂　戴菊

大山雀是一种杂食性鸟类，虽为鸟类但领地意识和攻击性非常强，很多小型鸟兽都有被大山雀杀死的记录。杀死猎物以后大山雀会用尖而有力的嘴啄开头骨，吃掉脑子。

喙：坚实且尖锐，短而有力，能吃虫子也适合吃种子。它的功能多而强悍，必要时甚至可以将其他小动物的脑袋啄一个洞。

拓展百科

聪明的鸟类的特殊技能

　　黑鹭用翅膀遮住水面，利用小鱼喜欢在黑暗环境下藏身的特性，吸引小鱼过来吃掉。

　　绿鹭被称为会钓鱼的鸟，它们把捡来的面包放在水面上，吸引鱼过来吃，然后捕食被吸引过来的鱼。

　　白兀鹫：鸵鸟蛋的壳很硬，它会捡起石头将鸵鸟蛋砸破然后吃掉。

　　胡兀鹫：喜欢吃乌龟和动物的骨髓，把龟和大型动物的骨头抓着飞起来，然后对准大石头扔下去，等乌龟壳和骨头摔碎了，吃肉和骨髓。

绿鹭　　　黑鹭

白兀鹫　　胡兀鹫

过山风
眼镜王蛇

专门以其他蛇类为食的蛇类

在遥远的山林之中，据说住着大蛇。

它行动之时就像有大风刮过；它饥饿之时可以将大象吞噬。

眼镜王蛇的主食是各种蛇类。

眼镜王蛇属于眼镜蛇种，也叫眼镜蛇。

毒牙： 尖锐的中空牙齿，在尖端有孔洞。

毒腺： 通过肌肉可以将毒液送入毒牙，注射入猎物体内。

上下颌可以自行脱臼，以吞下更大的猎物。

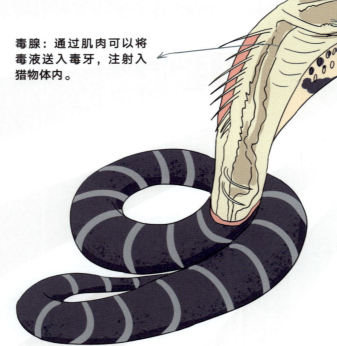

眼镜王蛇有护卵的习性，雌性眼镜王蛇会将卵产在落叶堆中，借由落叶腐败产生的热量将卵孵化。在孵化过程中，雌蛇不吃不喝始终盘在落叶堆上，直至小蛇出生。

眼镜王蛇虽然凶猛，但除了在雌性护巢的时候，几乎不会主动攻击人类，发现人类接近时会主动避开。而被眼镜王蛇咬的绝大多数情况都是抓蛇时失手或在草丛、树林中时未发现蛇踩到它而产生的意外。

俗　　名：过山风、饭铲头
拉丁学名：*Ophiophagus hannah*
栖 息 地：热带及亚热带地区的山林、丘陵及平原等。
习　　性：体形最大的毒蛇，主要以其他蛇类为食。

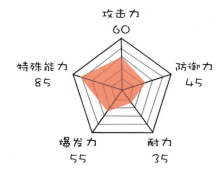

攻击力
60
特殊能力　　　　　防御力
85　　　　　　　　45
爆发力　　　　耐力
55　　　　　35

拓展百科

蛇爬行的原理

　　蛇的祖先和蜥蜴一样有四条腿，后来为了适应洞穴生活，腿慢慢退化了，蟒蛇身上还留有腿骨的痕迹，而中间类型就类似泰国蠕蜓的样子。

脆蛇蜥

泰国蠕蜓

版纳鱼螈

泥潭电击侠
伏打电鳗

依靠自身放电能力觅食和防御的鱼

高手要练就绝世武功，往往要离群索居，来到最蛮荒的地方修行顿悟。

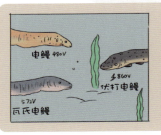

电鳗 480V
伏打电鳗 860V
瓦氏电鳗 572V

以前我们认为电鳗只有一种，后来根据形态、基因和分布特征等分析，生物学家才得以分开它们具体的种类，它们分别是电鳗、伏打电鳗和瓦氏电鳗。伏打电鳗产生的电压能够达到860伏特。

腹鳍连成一体，背鳍退化。

俗　　名：电鳗
拉丁学名：*Electrophorus voltai*
栖 息 地：亚马孙河流域的沼泽、浅滩和小河流中。
习　　性：潜伏在浑浊的水中，当有其他小鱼游过时能通过水中电流的微弱变化感知到，待其进入攻击范围后放出高压电将其电晕吃掉。

攻击力 45
防御力 25
耐力 25
爆发力 35
特殊能力 90

拓展百科

伏打电鳗，日本鳗鲡，非洲电鲶、日本电鳐、鹤嘴长颌鱼对比

日本鳗鲡和电鳗虽都叫鳗，长得也像，但亲缘关系却非常远。长颌鱼也叫象鼻鱼，是一种弱电鱼，它们也能发电，但是电流很弱，是用来探测猎物的，并不能用来攻击。

日本鳗鲡
伏打电鳗
非洲电鲶
鹤嘴长颌鱼
日本电鳐

48

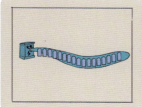

电鳗身体后部的很大一部分都充满了一种特化的肌肉组织（主要是轴下肌）构成的放电体，每个放电体大约可以产生 0.15 伏特的电压，而上千个放电体组合起来就相当于一块巨大的蓄电池，让电鳗可以释放出电压达到 300 ～ 800 伏特的电流。

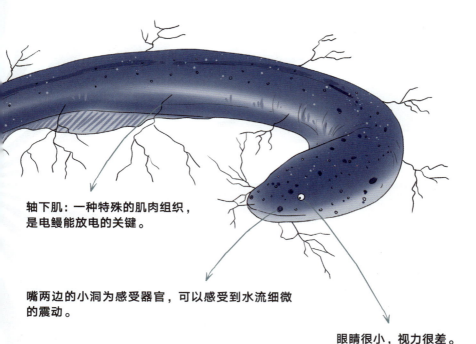

轴下肌：一种特殊的肌肉组织，是电鳗能放电的关键。

嘴两边的小洞为感受器官，可以感受到水流细微的震动。

眼睛很小，视力很差。

电鳗原产自南美洲，体长能够达到 2 米，生活在水比较浅的池塘或河流岸边，这种水中能见度非常之差，视力在这种环境下几乎无用，所以电鳗的视力很差。眼睛下方口裂（嘴）两侧，分布着一些凹陷的"小洞"，这些小洞可以感受到水流的变化和周围的一些细微震动。

寒冰舞者
北美林蛙

冰冻几个月也不会被冻死的蛙

在一年中有 8 个月都被冰封的北国隐居着一位居士，它的生平被动物们口耳相传。

据说能把自己封进冰中而安然无恙，由此成为了一个传说。

神机门

大眼睛：可以发现移动的虫子。

体色：完美地和落叶环境融为一体。

长长的后腿平时折叠，需要跳跃时可以一下蹬出去很远。

生物体内含水，当气温过低时水就会变成冰，而细胞中的细胞质也结冰时，细胞壁就会因此而被"撑破"，并且当细胞结冰之后，也会使细胞间的物质交换停止，大多数生物在这时就会死亡。而阿拉斯加的冰冻期，不仅气温接近 -20℃，而且时间长达 8 个月。

攻击力
10

特殊能力
75

防御力
15

爆发力
35

耐力
20

俗　　名：哈什蚂
拉丁学名：*Rana sylvatica*
栖 息 地：林地、湿地。
习　　性：以各种昆虫为食，冬天会
进入休眠状态。

折叠在嘴里的分叉舌头，布满黏液，
可以将虫子黏住送到嘴里。

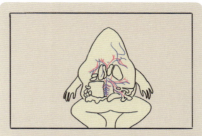

北美林蛙通过调整体内的尿素和葡萄糖含量来控制体液浓度。在被冰冻时，北美林蛙的肝脏会将尿素和葡萄糖释放到血液中，并由血液输送至全身各个器官。当这两种物质在体内的浓度提高后，就可以达到提高自身体液浓度以降低体液的冰点的目的，以减缓身体结冰的速度。

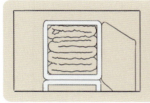

一般林蛙的肝脏只占体重的6%～10%，而北美林蛙的肝脏重量占到了体重的20%以上。它们利用肝脏储存糖类作为维持生命的能源，而且肝脏还可以将尿素中的有毒物质转化为氨，避免对身体造成破坏。

拓展百科

其他抗冻的生物

　　帝企鹅：挤成一大圈互相取暖，外圈的身体变冷以后就挤到内圈暖和身体，循环往复。

　　北极熊：提前吃得饱饱的，在雪中挖个洞，冬眠。母熊还能在冬眠中生小熊。

　　格陵兰灯蛾：幼虫期长达7年，它们在气温下降以后会将体内多余的水排出体外，将体液维持在非常高的浓度。同时，幼虫的寄主植物中含有一种被称为吡咯里西啶的生物碱，这种生物碱会让幼虫产生保幼激素，一些科学家认为这种生物碱能够有助于幼虫将细胞内的多余水分排出，从而增强身体抵御冻结的能力。

格陵兰灯蛾

北极熊

帝企鹅

这可能是名门正派里最"奇葩"的一个门派了，门中的六位高手们个个都因为骨骼清奇，相貌不羁又性格古怪，让人感到难以接近。然而它们又每人都身怀绝技，有的在黑暗中不用眼睛就能绘制地图，有的身披重甲使再强的刀剑都奈它不得，还有能在最贫瘠的荒漠中修建地宫隐居的能人奇士……

六绝门

一招鲜吃遍天

金轮阁王
星鼻鼹

鼻子上有二十二根触手的鼹鼠

在动物江湖里有三种人最不能惹：

一是看起来奇形怪状的；

二是穿得花枝招展的；

以及那些似乎天生就有"残疾"的家伙。

星鼻鼹通过触手感知到周遭的震动来探知周围是否有生物活动，发现生物后会快速地扑过去将其吃掉，整个过程只需要0.25秒，是所有哺乳类动物中感知速度最快的。

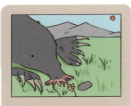

星鼻鼹的鼻子有二十二条触手，被称为"星状附器"，是感觉器官，其上大约有25 000个被称为"艾莫尔器官"的触觉感受器，星鼻鼹会用这些触手碰触周围的环境，以此来分辨周遭的物体。

眼睛：因为生活在地下长期不用已经发生退化。

鼻子：长了二十二条触手。

前爪：爪子非常发达，像两把大铲子一样强而有力，适合挖洞。

绒毛：非常柔软，保温性能很好。

由于在地下生活需要掘土，它们的爪子演化成了形似铲子的结构，这种结构非常适合在地下挖掘泥土，在比较松软的土壤中，它们挖土的速度可以超过1米/分钟。

星鼻鼹不仅会挖土，还擅长游泳，甚至可以潜入水下捕捉水中的鱼虾或软体动物作为食物。

星鼻鼹在水下游泳的时候会用鼻孔快速吐出并吸入气泡，频率可以达到10次/秒，通过气泡接触水中的气味分子，辨别水中食物的方向，这种技能在其他哺乳动物中十分少见。

攻击力
30

特殊能力
90

防御力
15

爆发力
30

耐力
20

尾巴：粗而长的尾巴，脂肪含量很高。

俗　　名：地了排子
拉丁学名：*Condylura cristata*
栖 息 地：潮湿的低地地下。
习　　性：会在地下挖掘洞穴，以土壤中的蚯蚓等小动物为食。

星鼻鼹的长尾巴也是储存营养的器官，在初冬时节星鼻鼹的尾巴要明显比春夏时节粗许多。

拓展百科

鼹鼠、小家鼠、鼩（qú）鼱（jīng）的区别及亲缘关系

　　鼹鼠和鼩鼱同属于哺乳纲，劳亚兽总目，鼹形目，相当于表兄弟。而小家鼠属于灵长总目、啮齿目，和鼹鼠与鼩鼱相比，亲缘关系都出了五服了。

　　图片列出三个物种的各自特点：

　　鼹鼠眼睛小，手掌像铲子，一嘴尖牙利齿。

　　鼩鼱小眼睛，尖鼻子，手掌有爪子，一嘴尖牙利齿。

　　小家鼠大眼睛，尖鼻子，手掌像人的手，门牙是一对大板牙，终生生长。

鼹鼠

小家鼠

鼩鼱

雁翎奇侠
穿山甲

身披与爬行动物类似的鳞甲的哺乳动物

在山林之中胧月之下，
动物们经常会听到挖土的声音。
翌日，必能发现又一蚁巢被洗劫一空。

穿山甲一般在白天睡觉，晚上出来寻找各种蚂蚁或白蚁的巢穴。找到蚁巢后用爪子挖开泥土，伸出舌头舔食，最多的时候一次可以吃掉十几万只。

小眼睛：因为长年夜间活动，视力不佳。

长舌头：布满黏液，可以深入蚁巢舔食白蚁或蚂蚁。

印度穿山甲

马来穿山甲

菲律宾穿山甲

中华穿山甲

大穿山甲

尾巴：行走的时候用来保持平衡，遇到危险会卷起来包住头部。

爪子：可以刨开泥土，直捣蚁巢。

穿山甲的鳞片被传统医学认为具有药用价值，但经过科学分析，构成鳞片的主要成分是 β-角蛋白，和我们的头发和指甲的不太一样，我们的是 α-角蛋白。

穿山甲平时都过着独居生活，只有在春夏繁殖季节才会主动寻找异性并交配。穿山甲的孕期在318天到372天之间，每胎只产一个幼崽。小穿山甲会抱着母亲的尾巴让母亲带着走。

俗　　名：鲮鲤
拉丁学名：*Manis pentadactyla*
栖 息 地：亚热带及热带的草地、灌木林及林地。
习　　性：昼伏夜出，会挖一个洞穴白天在其中睡觉，晚上出来活动，以白蚁或蚂蚁等昆虫为食。

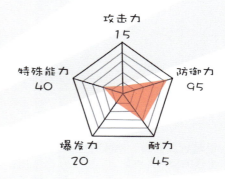

攻击力
15

防御力
95

特殊能力
40

爆发力
20

耐力
45

长尾穿山甲

树穿山甲

南非穿山甲

鳞片：很坚硬，可以全方位保护自己。

拓展百科

和穿山甲食性相近，或者长相相似的动物：

土豚

大食蚁兽

袋食蚁兽

三带犰狳

好吃

中国古人很早就认识穿山甲，因为其身上长有鳞片，曾被认为是一种鱼，而称为鲮鲤。穿山甲遇到危险会将自己卷起来，几乎没有任何动物能攻破这道鳞甲防线。

森林医生
大斑啄木鸟

整天快速大力地啄击木头而不会得脑震荡的鸟类

嘴巴长得像凿子，能将树干瞬间戳穿；

舌头卷曲似钢鞭，伸缩自如灵巧无边；

展开翅膀在森林到处巡行，

给森林带来了健康和安宁。

据说，啄木鸟每天啄木的次数能达到12 000次，速度可以达到6～7次/秒。每当找到虫子，就会啄开树干，够不着就用长长的舌头伸进洞中把虫子粘出来。

短粗结实的嘴，能啄开坚硬的树木外皮。

长而带刺的舌头，能够伸到树木中的虫洞里把虫子粘出来。

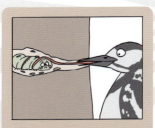

啄木鸟的长舌头，长到需要绕后脑勺一周，像一个缠在脑袋上的安全带。

啄木鸟的爪子非常擅于抓住树皮。

啄木鸟的尾巴坚韧而有力，站在树干上时可以作为身体的支撑。

真假啄木鸟

戴胜尝尝被错认为啄木鸟

戴胜的嘴更细长,适于伸到土壤中捉虫,而啄木鸟的嘴则是短粗。

戴胜有个头冠,平时可以收起来,这是它们之间最明显的区别。

戴胜的脚和一般雀鸟相似,和啄木鸟不同(可以参考前文的鸟类脚)。

啄木鸟

人们参考啄木鸟头骨的海绵状结构,优化了安全帽的设计,改进后的安全帽抗冲击的效果更好了。

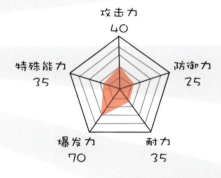

啄木鸟的头骨具有双层结构,这种头骨结构能很好地分散啄木鸟在啄木过程中的受力,不会因受力集中在某一点而对大脑产生伤害。在强大的冲击力下也能很好地保护啄木鸟的脑组织。

俗　　名:嘚哒木
拉丁学名:*Dendrocopos major*
栖 息 地:林地、灌木丛。
习　　性:能用强有力的嘴啄开树干,以其中的天牛幼虫等蛀食木头的昆虫为食。

百枪将
马来豪猪

浑身长刺但不是刺猬的老鼠

为了让自己学得最上乘的枪法，
不惜每日背负上百支长枪旅行，
只为随时能和来者较量一场。

豪猪的体重可以达到 15 千克，头部后长有较长的鬃毛，背部和屁股上有黑白相间的长刺长在体表"肉鳞"状的弧面上，尾巴比较短小。

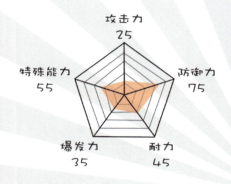

攻击力 25
特殊能力 55
防御力 75
爆发力 35
耐力 45

称兄道弟

豪猪的豪字在古文中通"毫"，是指长而尖的毛，豪猪就是长着又长又尖的毛的猪。古代人认为这是一种小猪，其实豪猪属于啮齿类，可以算是一种"大耗子"。

头上的鬃毛，潇洒飘逸的长发。

大板牙，暴露了自己是个大耗子的事实。

拓展百科

马来豪猪（啮齿目）、澳洲针鼹（单孔目）、低地条纹马岛猬（非洲鼩目）、黑龙江刺猬（猬形目）四种动物，虽然长得像，但亲缘关系非常远，甚至针鼹还是生蛋的哺乳动物。

马来豪猪　　澳洲针鼹　　低地条纹马岛猬　　黑龙江刺猬

俗　　名：箭猪
拉丁学名：*Hystrix brachyura*
栖 息 地：林地、草丛、灌木丛。
习　　性：昼伏夜出，以各种植物的根、茎、嫩叶为食，遇到危险会将身上的棘刺竖起，朝向敌人。

豪猪的刺：黑白相间的刺，尖端有类似倒钩的结构，刺入皮肤后不容易拔出。

民间传说豪猪的刺可以射出，其实并不能。

豪猪的刺是由毛发演化而来，豪猪会用屁股对着对方，并让刺炸起来，刺的尖端有细小的倒刺，能够勾在皮肤中，而且比较容易脱落留在敌人的身体内，会有引起感染的风险。一般捕食者对豪猪没什么办法。

一阳指
指猴

中指很长的猴子

江湖里的高人都喜欢居住在与世隔绝的地方。

俗　　名：黑夜恶魔
拉丁学名：*Daubentonia madagascariensis*
栖 息 地：树林、竹林。
习　　性：昼伏夜出，白天在树洞中睡觉，晚上外出寻找昆虫等小动物。会用锋利的牙齿咬开树木的外皮，并用长长的手指将其中的昆虫掏出来。

攻击力 25
特殊能力 65
防御力 20
爆发力 25
耐力 30

拓展百科

狐猴

　　狐猴的家乡是非洲第一大岛马达加斯加。马达加斯加在8000多万年前和大陆分离，生活在岛上的动物，为了适应和大陆迥异的岛屿环境，也走上了独立演化的道路。其中，就有一种灵长类动物，在岛上繁衍生息，演化成了一个独特的类群。它们中有很多长着尖尖的长嘴，看上去和狐狸的脸有那么几分相似，我们就将这种灵长类称为"狐猴"。（图为环尾狐猴、大狐猴、领狐猴）

环尾狐猴

大狐猴

领狐猴

分布在马达加斯加的旅人蕉假种皮是蓝色的，指猴拥有一种视锥细胞对旅人蕉假种皮的这种颜色对应的波长非常敏感，很容易被吸引过来。食虫的指猴会将旅人蕉上的害虫清除掉，让旅人蕉健康生长。

指猴还有一个结构非常有趣。在指猴的两只"手"上，籽骨相对于其他灵长类更长，而变长的籽骨又连接着一块掌长展肌，这样在肌肉的牵动下，这块籽骨就有了一定抓握的功能。

马达加斯加没有啄木鸟，指猴起到了类似啄木鸟的作用。

指猴会发出一种类似婴儿受伤时的尖厉嘶鸣声，让人听了毛骨悚然。而且它们受到光照时，瞳孔会缩小，看起来非常可怕，原住民认为指猴有魔力，是恶魔，看见就将其打死。

尖锐的牙齿可以咬破树皮。

眼睛很大，夜间光线很弱的时候也可以看清物体，两眼能够同时直视前方，形成交叉视觉，爬树时候可以更好地判断距离。

大耳朵可以捕捉到细微的声响。

黑色的毛发掺杂着一些白毛，整体显得灰暗。

长而带弯的中指是捕食利器。

指猴的中指又细又长，就像一根铁丝一样，因此得名"指"猴。指猴会用自己特殊的指头敲击树干，通过回声判断木头中是否有虫，并用门齿将木头啃开一个洞，直至洞能让它将那中指伸进去。这根手指由一个特殊的球窝关节控制，很灵活，可以把虫子勾出来吃掉。

无毛恶魔
裸鼹鼠

终生不患癌症的哺乳动物

它们群居而生；
崇拜着自己的女王；
相貌丑陋、异常彪悍。

裸鼹鼠几乎不会得癌症。究其原因首先它们体内有很多抑制癌症的基因，且缺少与癌症发生相关的基因；对已发生癌变的细胞它们能通过细胞中的一种透明质酸聚合物进行抑制；并且其本身的新陈代谢率很低，综合下来使其患癌症的概率几乎为0。

一般的耗子寿命很短，也就3～4年，而裸鼹鼠的寿命可以惊人地达到30年。

俗　　名：裸鼢鼠
拉丁学名：*Heterocephalus glaber*
栖 息 地：干旱稀树草原或荒漠的地下。
习　　性：终生生活在地下的洞穴中，营群居生活，由群体中最强壮的一只"女王"统治。

裸鼹鼠的死亡风险几乎终生都没有变化，一直保持在十万分之一左右，而且随着年龄增长还会略微下降。目前还不知道原因。

拓展百科

真社会性动物特征：

1. 繁殖特权：群体内仅有一个或极少数个体可以参与繁殖，而其他个体几乎不能参与繁殖。

2. 分工专职：繁殖个体可以生产出特点不同的后代，比如说中等体形的负责觅食，小体形的负责巢穴内的清洁和照顾其他个体，强壮体形的负责防卫等。

3. 世代重叠：群体中会有多个世代的成熟个体。

4. 合作育幼：成年个体会照顾群体中的未成熟个体。

真社会性的动物在节肢动物中相对常见，比如蚂蚁、白蚁等，但是在哺乳动物中，只有裸鼹鼠和它的亲戚达马拉兰鼹鼠是真社会性的，展示群体中个体的分化。

裸鼹鼠在演化的过程中，失去了痛感。有科学家猜测，失去痛感的它们在抵御进入洞穴的入侵者时可以勇猛无畏地反击，有助于将入侵者赶出巢穴。

裸鼹鼠因为生活在地下，非常耐缺氧，它们演化出了超强的血红蛋白，并且还能在无氧环境中利用果糖来提供能量。

全身无毛： 地下温度相对恒定，不需要毛来保暖，没有毛也有助于在洞穴中穿梭。

眼睛非常细小，因为生活在地下无光的环境，眼睛已经发生退化。

头部的长毛：感觉很敏锐的毛发，是其在洞穴黑暗环境中感知周边的工具。

长在身体最前部的牙齿，方便啃食泥土挖洞。

一般哺乳动物的体温都是恒定的，但生活在阴冷地下且食物匮乏的裸鼹鼠，体温会随着环境而改变，这样可以降低新陈代谢以减少能量的消耗。

攻击力
35

特殊能力
95

防御力
45

爆发力
35

耐力
60

原在江湖中名为五毒教，但后来由于教众越来越多，就改成了百毒教。此教门中个个都是用毒的高手而且心狠手辣，常在须臾之间便取了对手性命，因此世人见到它们纷纷避而远之以免被误伤，而它们也依靠这一手用毒的绝招，在江湖中打出了自己的名声。

百毒教

每一个用毒高手
都是医术精湛的医者

丛林小诸葛
棒络新妇

会吐丝结网的陆生节肢动物

会吐丝结网的陆生节肢动物

它师从诸葛武侯，学会了八阵图。

从此，没有一只飞虫能从它的八卦阵中逃脱。

棒络新妇分布在我国南北很多省份，它的网直径可以达到2米，是形状不太规则的立体网，基本呈现一个马蹄形，要比常见的圆网结构更坚固。

蜘蛛丝是世界上最坚韧的材料之一，其韧性是钢丝的好几倍。蜘蛛会根据不同需求分泌不同的蛛丝，或用于织捕猎网，或用于包裹卵、保存猎物等。小棒络新妇甚至用蛛丝做风帆，让风将自己吹到比较远的地方，在那里"生根发芽"。

螯肢： 蜘蛛头部的螯肢特化成捕食的工具，有毒牙可以捕捉猎物。

腹部末端有腺体，蜘蛛利用这些腺体分泌出蛛网。

棒络新妇一般在秋季交配，一只雌性蜘蛛的网上通常会有好几只雄性蜘蛛互相竞争。交配过后雄性有可能就会被雌性吃掉，很多蜘蛛都有类似的习性。

蜘蛛细长的足可以将粘到网上的飞虫控制住。

棒络新妇虽然有毒，但是它们的毒牙很小，几乎无法刺穿人类的皮肤，所以对人是无害的。

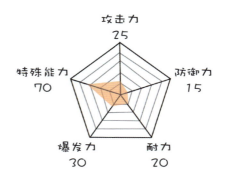

攻击力
25

特殊能力
70

防御力
15

爆发力
30

耐力
20

俗　　　名：金丝蛛，女郎蛛
拉丁学名：*Nephila clavata*
栖 息 地：树林、灌木丛。
习　　　性：会在树枝、灌木丛中间结网，捕捉各种飞过的昆虫为食。

棒络新妇的雄性（小）和雌性：很多蜘蛛都是雄性个体小雌性个体大。

棒络新妇的身体非常花哨，身上的红色和黄色花纹是一种警戒色，示意自己有毒。还有一些动物特意模仿这些有毒的动物长得花花绿绿。

肚子上的花纹：一种警戒色，用于向其他动物示威，表示自己有毒，不好惹。

百脚罗汉
少棘蜈蚣

僻静的乱石岗，

阴暗的小角落，

此时你必须要仔细观察，不然，一不小心踩到谁的脚，那事情就不太妙了。

我要引吹。

少棘蜈蚣是我国城市中常见的一种大型蜈蚣，体长能够达到20厘米，头部呈橙红色，腿黄色，身体金色，有42条腿，能够快速爬行，给人感觉非常威武。

最后一对足，也有一定的触觉能力。

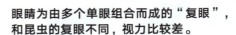

头部有一对特化的足称作颚肢。

头部的触肢，作用类似于昆虫的触角。

眼睛为由多个单眼组合而成的"复眼"，和昆虫的复眼不同，视力比较差。

蜈蚣头部的一对足特化为捕食用的颚肢，很尖锐，并且还有毒腺。在捕捉猎物时会先用身体缠绕猎物，用足紧紧地抓住并固定猎物，然后使用颚肢撕咬并注入毒液，最后将其杀死吃掉。

蜈蚣是为数不多的会照顾后代的节肢动物，雌性蜈蚣产卵后会用身体将卵抱在中间，用口器清理卵，如果这时有别的动物打扰它，它会凶猛地将入侵者赶走。

蜈蚣的俗名也叫"百脚"，很多朋友都数不清蜈蚣到底有多少脚，反正就知道有很多。

其实蜈蚣的每一节体节都只有一对足，只要数清楚它的体节数量，再乘以2就是它脚的数量。

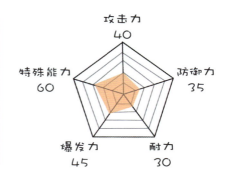

攻击力 40
防御力 35
耐力 30
爆发力 45
特殊能力 60

足：蜈蚣捕猎的时候会用足抱住猎物，控制其行动。

俗　　名：百脚、金头蜈蚣
拉丁学名：*Scolopendra subspinipes mutilans*
栖 息 地：林地、草地、灌木丛。
习　　性：昼伏夜出，白天在朽木、石缝等隐蔽场所躲避，夜晚出来捕捉各种经过的昆虫为食。

南美洲有一种秘鲁巨人蜈蚣，体长可以达到30厘米，它甚至能够将自己悬挂在岩壁上，趁着蝙蝠飞过的时候将蝙蝠抓住吃掉。

拓展百科

常见的多足动物蜈蚣、蚰蜒和马陆的区别

马陆
蜈蚣
蚰蜒

蜈蚣、蚰蜒同属于唇足类，每个体节有一对足，亲缘关系更近。蜈蚣腿和触肢都比较短，而蚰蜒的很长，故蚰蜒爬行的速度非常快。蜈蚣、蚰蜒都以小动物为食。

马陆属于倍足类，每个体节有两对足，腿一般比较短，以植物、腐殖质为食。

化骨棉针
东亚钳蝎

有着一对大钳和带着尾钩，能够注射毒液的蛛形纲动物

暗夜里的荧光是它们的警示，游人切莫靠近！

百毒教

东亚钳蝎一般白天蛰伏，等到晚上出来活动觅食。它们会用大钳子迅速地夹住小虫，用尾巴上的毒针注射毒液，随后用自己小钳子似的口器将猎物撕碎吃掉。

毒囊、蜇刺：蝎子标志性的器官，有毒腺，可以将毒液注入猎物体内。

触肢：那对大螯是蝎子的主要武器之一，用来抓住并固定猎物，辅助进食。

如果用紫外线灯照射蝎子，会产生荧光反应。有学者认为这种荧光可能有助于蝎子活动的时候识别同类，或者是对天敌的一种警示。

眼睛：蝎子的小眼睛视力不佳。

蝎子的口器，一对小钳子。

蝎子的新陈代谢比较缓慢，可以长时间不进食。在极端情况下，一次饱食之后，甚至可以一年不吃东西但依然富有活力。

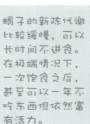

蝎子是卵胎生动物，它们卵在体内发育成熟，然后直接生出小蝎子，小蝎子最初会趴在母亲背上寻求庇护，等能够独立生活以后就会离开母亲。

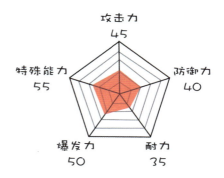

攻击力
45

特殊能力
55

防御力
40

爆发力
50

耐力
35

俗　　名：蝎子
拉丁学名：*Buthus martensii*
栖息地：林地、草地、灌木丛。
习　　性：昼伏夜出，白天躲在石缝、树皮内、墙缝中等地隐蔽，晚上爬出活动，以各种昆虫或小动物为食。

蝎子腹部有一对梳齿状结构的栉器，这是蝎子的主要感觉器官之一，贴在地面可以感觉到传来的细微震动，通过这些振动蝎子可以在黑暗中感知周围的情况。

腹部有一对梳齿状结构的栉器，通过感受地面震动感知周围情况，弥补眼神不好的缺点。

拓展百科

各种蛛形纲动物

　　蝎子虽然长得和蜘蛛大相径庭，但和蜘蛛同属于蛛形纲，这个类群也是节肢动物中非常兴盛的一个类群，物种多样性非常丰富，有很多长相奇特的动物。

盲蛛

避日蛛

鞭蛛

鞭蝎

伪蝎

威震天
爪哇屁步甲

遇到危险就喷出腐蚀性高温液体的鞘翅目动物

一声惊雷闹翻天，
抬头不见有云烟。
原是豪侠展绝技，
一声屁响威震天。

屁步甲的名字来源于它们能放屁的特异功能，放出的屁温度接近100℃，喷到人类的皮肤上也会造成强烈的灼烧感，甚至能让皮肤变色。

屁步甲的屁主要成分是苯醌和甲基苯醌，它们的腹部后半段有专门的器官分别储存腺体细胞产生的对苯二酚和过氧化氢，在受到侵袭时，就将两种物质混合，经过化学反应一起喷射出去。

百毒教

三对足：腿比较长，能够快速移动，步甲几乎都是竞走高手。

复眼：较大的复眼拥有不错的视力。

腹部末端：能够喷出特殊的腐蚀液体，是保命的特殊武器。

触角：昆虫的感觉器官之一，触觉灵敏。

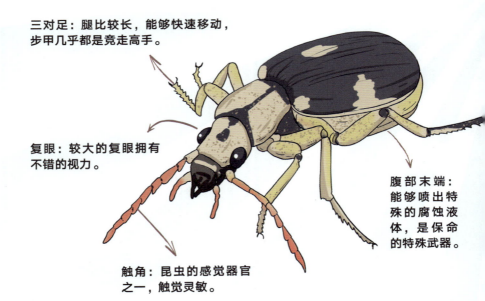

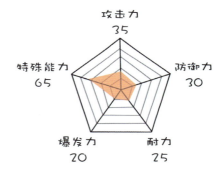

俗　　名：放屁虫
拉丁学名：*Pheropsophus jessoensis*
栖 息 地：林地、草地、灌木丛。
习　　性：平时隐藏在石块、落叶之下或草丛中活动和捕食各种小型动物，遇到危险会喷射出烟雾状液体。

屁步甲的体色一般是由橙色、黄色、黑色的色块或斑纹共同组成，非常显眼，这也是一种警戒色，告诉潜在捕食者"我不好惹"。

攻击力
35

特殊能力
65

防御力
30

爆发力
20

耐力
25

屁步甲甚至可以通过肌肉控制喷射的量和放屁的方向，只要它想，还可以连续多次进行喷射，对敌人进行持续打击。

拓展百科

会用化学武器的虫子们

芫菁

蚂蚁

象白蚁

隐翅虫

芫菁：会从关节分泌出黄色的含有斑蝥素的液体，此液体有强烈的腐蚀性，接触到皮肤会引起红肿。

蚂蚁：很多蚂蚁不仅有螫针可以蜇人，还能够喷射蚁酸。

象白蚁的兵蚁头部长有一个"喷嘴"，能够喷出有黏性的液体攻击入侵者。

隐翅虫：一些种类的毒隐翅虫被碾碎后的体液接触到皮肤会产生与灼烧伤类似的水泡。

彩霞仙子 绿刺蛾

浑身带刺，被扎一下难受一个月的鳞翅目动物

在自然江湖中，
越是美丽的事物，
往往越危险。

刺蛾幼虫的俗名是洋辣子，命名来源于身上的枝刺。枝刺连接着幼虫体内的毒腺细胞，如果接触到了枝刺，毒腺细胞中的毒蛋白就会注入人体，等反应过来的时候已经又疼又痒又难受。

刺蛾的一生要经历卵、幼虫、蛹、成虫四个阶段，幼虫是大胖毛毛虫的形态，而成虫则是长着翅膀的飞蛾，天差地别的两者之间还要经历一个成蛹的中间阶段，这种发育方式被我们称为"完全变态发育"。

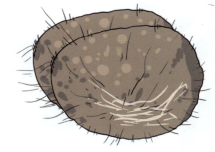

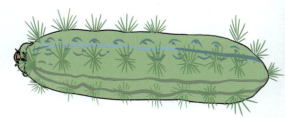

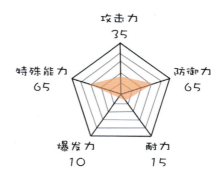

攻击力 35
特殊能力 65
防御力 65
爆发力 10
耐力 15

某种昆虫经常会取食同一类植物，这类植物一般就被称为 XX 的寄主植物。有学者认为，昆虫的这种行为模式是为了避免与其他种类昆虫产生竞争，让彼此可以独享食物。

俗　　名：洋刺子
拉丁学名：*Parasa consocia*
栖 息 地：桃、枣、苹果、梨等植物上。
习　　性：幼虫昼伏夜出，白天趴在叶背面躲藏，夜间啃食植物的叶。

拓展百科

不同种类毛毛虫的御敌方法

背刺蛾

背刺蛾：虽然也叫刺蛾但没有刺，更像一滩果冻，靠着皮糙肉厚抵御其他动物和昆虫的啃咬，其他小昆虫比如蚂蚁是咬不动的。

桦尺蛾

桦尺蛾：把自己伪装成一个小木头棍，以避免被敌人发现。

蓑蛾

蓑蛾：捡小树棍吐丝黏成一件盔甲。

雀纹天蛾幼虫

雀纹天蛾幼虫长出眼斑，假装自己是比较大的动物迷惑对方。

柑橘凤蝶幼虫

柑橘凤蝶幼虫吐出腺体，散发出难闻的气味。

毒鞭王
纵条矶海葵

能将毒刺像子弹一样射出的海葵目动物

它们是百毒教的用鞭高手"毒鞭王"，稳坐教中长老之位。

它们是潮间带里顶级的刺客。（潮间带：涨潮时被海水淹没，退潮时暴露出来的区域。）

触手：海葵捕食的工具，上面有刺细胞。

口道：既是吃东西的入口，也是排泄的出口，遇到危险时会团成一团。

表皮层有彩色的纵纹，团成一团的时候像个小西瓜。

海葵是一种相对原始的刺胞动物，在它们的一条条触手中有大量的刺细胞，平时刺丝会像弹簧一样盘在刺丝囊中，当最外部的刺丝囊突感受到外界刺激，刺丝就会像弹簧一样瞬间弹出，刺入猎物体内释放毒素，将猎物麻痹的同时用倒钩钩住猎物，防止其挣脱。刺胞动物因此而得名，这是海葵捕猎、自卫的利器。但这对于身披厚厚甲壳的各种螃蟹就无可奈何了。

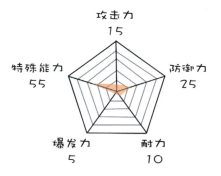

攻击力
15

特殊能力
55

防御力
25

爆发力
5

耐力
10

海葵和珊瑚是亲戚，不过海葵体内没有"骨骼"，在死亡以后就会很快腐烂，不像珊瑚会留下骨骼供其他同类继续生活。

俗　　名：海菊花、石奶
拉丁学名：*Diadumene lineata*
栖息地：海岸边潮间带、潮下带等浅水区。
习　　性：附着于礁岩等其他物体上，用触手捕食各种小动物。

拓展百科

被利用的海葵

眼斑双锯鱼

眼斑双锯鱼：一种小丑鱼，体表有黏液，保护自身不被刺细胞伤害。

寄居蟹

寄居蟹经常把海葵戴在自己的螺壳上，海葵能够给寄居蟹提供保护。

花纹细螯蟹

花纹细螯蟹：俗名拳击蟹，用钳子夹住海葵在海水中晃动，当海葵抓住食物的时候，拳击蟹会把食物抢过来吃掉。

海蛞蝓

一些种类的海蛞蝓会捕食海葵，并将海葵体内的刺细胞转化到自己身上，作为自己防身的武器。

灵隐门的高手都擅长隐藏自己，善于挖洞的，能藏在落叶下的，变成和树叶一个颜色的，还有能钻进珊瑚礁的缝隙中间的……由于门派特色攻击性不强，还不足以支持它们在腥风血雨的江湖上闯荡，所以这些高手除此以外通常还备有另一手绝技，有的通晓音律，有的会空气炮、还有的竟身披七彩外衣。

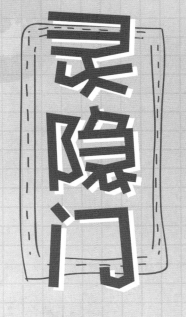

看不见的敌人最可怕

灵隙门

不死小强
美洲大蠊

善于躲藏、生命力超级旺盛的昆虫

身边的缝隙，房间的角落，所有看不见的地方，

都有可能隐藏着它们的踪迹。

它们跑起来风驰电掣，生命力如星火燎原甚至被砍头以后还能活着。

美洲大蠊的外骨骼，也就是它的外壳，相邻的部位可以在一定范围内自由地挪动错位，因此一些看起来非常狭窄的缝隙它也可以钻进去。这种变形还能够分散受到的来自身体上方的冲击力，以保护自己不受致命伤。

扁平的身体，便于钻到缝隙中。

触角：能够为小强提供大范围的触觉能力。

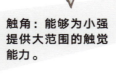

美洲大蠊就是我们口中的"南方大蟑螂"，是我们人类城市环境中常见的各种小强中体形最大的一种，比较善于飞行，在逃跑过程当中会扇动翅膀飞起来。

长长的腿，让小强跑起来能一溜烟儿就不见。

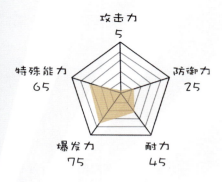

攻击力
5

防御力
25

耐力
45

爆发力
75

特殊能力
65

各种蟑螂

天蓝蟑螂

天蓝蟑螂：蓝绿色镶嵌黄边的身体很好看。

马岛发声蟑螂

马岛发声蟑螂：遇到危险时能发出嘶嘶的出气声，被作为宠物饲养。

球蠊

球蠊：遇到危险时能把自己卷成一个球的蟑螂。

雌性丽冠蠊

丽冠蠊：雌性全身闪烁着金属光泽；雄性翅膀盖住身体，没有光泽。

俗　名：大强、南方蟑螂
拉丁学名：*Periplaneta americana*
栖 息 地：户外常见于草地、灌木、湿地等潮湿环境；居室内常见于下水道、天花板等阴暗、潮湿的环境。
习　性：昼伏夜出，白天蛰伏于隐蔽处，晚上外出觅食。杂食性，喜欢聚集，尤其是低龄若虫经常大量聚集生活。

尾须：如果后方有物体接近，可以为小强提前预警。

美洲大蠊的卵在一个特殊的豆荚一样的结构中，被称为卵荚，这个卵荚有保护卵的作用。

有个传言，"蟑螂头被砍掉还能活很久"，其实这并不是蟑螂特有的技能。昆虫和我们人类的身体结构不同，头部主要是眼、触角等感觉器官，而控制运动、血液循环、呼吸等重要功能的神经和器官都集中在胸部和腹部，所以脑袋掉了并不会立刻死亡。

草上飞
东亚飞蝗

能结群跨越大海、飞越大洲的昆虫

是恶魔的化身，
还是饥荒的代言人。
贪婪，
让它们所到之处寸草不留。

中国古代人对蝗虫的记载很多，但能够形成蝗灾的种类其实并不多，其中主要的还是具备较强飞行能力的"飞蝗"，我国比较常见的种类就是东亚飞蝗。

大而有力的翅膀，平时收拢起来便于行动，打开以后能让飞蝗长距离飞行，第一对翅是变得厚而硬的革质翅，可以有效地保护后翅。

蝗虫的体色也会根据所处环境而有所改变。比如生活在绿色植物比较丰富的地区的蝗虫，体色更多为绿色；而植物比较稀疏地区的蝗虫可能就是土黄色，这样更容易与周围环境融为一体，不易被捕食者发现。

眼睛很大，
视力比较好。

蝗虫的听器，也就是耳朵，是在腹部上的。

口器：非常发达，可以快速地将植物组织嚼碎吞进肚子里。

一般情况下，飞蝗并不会聚集成大群，而是分散生活，但如果遇到特殊情况，它们就会聚集在一起成群活动。比如干旱结束的大雨之后，飞蝗就会大量聚集，啃食植物，甚至能将一切可以吃掉的植物组织统统啃光。当某一地区的食物吃完以后，它们就会聚成大群飞到别的地方寻找食物。

灵隐门

各种奇异的蝗虫

南美洲的一种蝗虫 (*Tropidacris cristata*) 体长可以超过12厘米。

南美的一种蝗虫，因为有个大肚子而被称为"尿泡蚂蚱"，不过肚子里的都是空气，种内雄性利用其发出响亮的叫声求偶（ *Bullacris intermedia* ）。

南美洲的一种枝蝗，体形非常消瘦，还长着一张外星人的脸。

攻击力 35
特殊能力 30
防御力 15
爆发力 85
耐力 85

俗　　名：蚂蚱、蝗虫
拉丁学名：*Locusta migratoria manilensis*
栖息地：草地、灌木丛、荒地、河滩。
习　　性：有很强的迁飞能力，能够聚集成大群迁徙，借助风力可以飞到几十甚至数百千米之外，所到之处绿色植物会被啃食殆尽。

雌性飞蝗体形远大于雄性，在交配时会将雄性背负在身上。

群居型的蝗虫体内会产生一些特殊的信息素合成一些有毒的物质释放到自己体内，当鸟或其他捕食者吃了这样的蝗虫以后，会觉得味道不好甚至产生呕吐，从而放弃继续捕食。

强健的后腿，肌肉发达，跳跃的利器。并且小腿上有一排排尖利的小刺，遇到敌人会用力地蹬腿反击。

群居型的蝗虫体形也会有一定的改变，比如它们的身体会渐渐变得更为苗条，这种减轻体重的措施能让它们在飞行的时候更省力，从而飞得更远。

单独生活的飞蝗我们一般称其为散居型，而聚成大群的通常称为群居型。这两种形态是可以互相转换的，当蝗虫大量聚集的时候，就会释放信息素，散居型蝗虫接收到这种信息素以后会发生型变，开始出现群居的行为。东亚飞蝗散居型和群居型体色上具有差别，图为散居型，群居型若虫体色更黑，成虫体色也更偏黑偏黄，体形更纤细，适于长途飞行。

孤琴剑侠
中华斗蟋

自带乐器，会演奏音乐的好斗蟋蟀

它会用剑带走敌人的生命，也会用琴声清奏一曲镇魂歌。

雄性蟋蟀的领地意识很强，当有其他雄性入侵到自己的领地时，就会去驱赶对方，有时会引发争斗。

翅膀的花纹，雄虫和雌虫不同，有独特的纹路，可以发出鸣叫声。

长长的触角探索范围很大，触觉灵敏，可以在黑暗的环境中帮助蟋蟀感知周围的情况。

上颚可以咬碎很多植物的根茎叶花果，如果有小昆虫它们也不介意将其吃掉。

蟋蟀的耳朵长在前腿上。

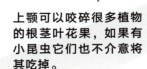

蟋蟀不会鸣叫，我们听到的"叫声"其实是雄性用翅膀摩擦发出的声音，它们翅上有特殊的微毛结构，称为音齿，通过摩擦音齿发出声音。

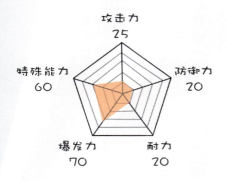

攻击力
25

特殊能力
60

防御力
20

爆发力
70

耐力
20

俗　　名：蛐蛐、促织
拉丁学名：*Velarifictorus micado*
栖息地：草地、灌木丛、林地的地面，
洞穴、土堆、石头缝等隐蔽处。
习　　性：雄性成虫领地意识很强，
有其他雄性同类进入自己领地后会与
其争斗。

蟋蟀雌虫会用腹部末端特殊的产卵器刺入土里，将卵产在土中。孵化以后小蟋蟀除了身体较小和没有翅膀之外，外观上和成虫几乎没有区别，经过多次蜕皮，翅和生殖系统发育完善后即成为成虫，这种发育模式被称为"渐变态"。

尾须用来感知身体后方的动静，如果有敌害接近可以及时逃跑。

雌虫产卵器，可以插入土中，将卵产在土里。

拓展百科

各种奇怪的蟋蟀

　　蟋蟀其实种类众多，我们常见的就有很多不同品种，其中不乏骨骼清奇、长相怪异的。

扁平脑袋的多伊棺头蟋

鞋拔子脸的长颚斗蟋

大脑壳的黄脸油葫芦

长得像个黑瓜子的日本钟蟋

生活在树上身体湛清碧绿的长瓣树蟋

像个枣核的梨片蟋

寄生在蚂蚁窝里的蚁蟋，通过释放和蚂蚁相近的气味欺骗蚂蚁，还能让蚂蚁吐出食物哺育自己。

沙海麒麟臂
美丽鼓虾

能通过气泡攻击猎物的动物

武功不足以应对挑战？
不！一招就够了。
一招鲜，吃遍天。

美丽鼓虾属于一种枪虾。枪虾可以发出"啪啪"的响声，这是由它的螯发出的，这个大螯可以迅速闭合，通过使可动指上的一个凸起结构快速地撞击不可动指上的一个凹槽，就能发出响声。

眼睛虽然不大，但视力尚可。

钳子一个大一个小，大的用来打枪，小的用来吃饭。

气泡爆炸会将空化气泡内的气体急剧压缩产生极高的压力和温度，甚至可以达到4700℃，同时还会发出冲击波和声致发光，枪虾会利用这种冲击波将猎物击晕。

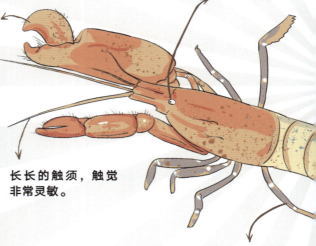

长长的触须，触觉非常灵敏。

长长的腿，可以胜任在海底沙地上行走的任务。

这个响声并非是螯的可动指与不可动指撞击产生的声音，而是撞击时能产生高速水流，这股水流可以产生空化气泡，这个气泡会因为存在压力差而快速收缩并爆炸，爆炸声可以达到210分贝，一些枪虾会利用这种声音与同类进行交流。

生物共生的其他例子

美洲獾和郊狼一起捕猎：美洲獾的爪子适合挖掘，可以将藏在洞里的猎物赶出来，郊狼跑得快动作敏捷，能够快速地逮住猎物防止其逃跑。

鳑鲏将卵产在河蚌体内：以免鱼卵被别的鱼吃掉；河蚌将自己的钩介幼虫挂在鳑鲏上，让其吸取养分得以去到别的地方。双方互助繁衍生息。

蚂蚁和蚜虫：蚜虫吸食植物的汁液为生，因此排泄物含有大量的糖分，被称为"蜜露"。一些蚂蚁则特别喜欢吃蜜露，为此它们会将蚜虫豢养起来，还会赶走以蚜虫为食的昆虫保护蚜虫。

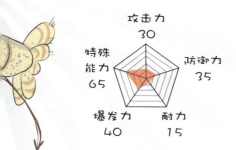

攻击力 30
特殊能力 65
防御力 35
爆发力 40
耐力 15

俗　　名：嘎巴虾
拉丁学名：*Alpheus euphrosyne*
栖 息 地：寒温带近海海底的泥沙中，碎石下或洞穴内。
习　　性：可以利用大钳子敲击产生的冲击波捕猎或自卫。

弯曲的腹部，里面都是肌肉，在遇到危险的时候向前猛甩可以迅速后退。

有敌情！快撤！

很多种类的枪虾都会和虾虎鱼共生。枪虾负责在海底的沙地挖掘洞穴，虾虎鱼则伴其左右，在挖掘的时候提供警戒。但后来研究发现，枪虾的视力其实并不差，选择和虾虎鱼一起生活并不是把它当作眼睛，而是能够更好地发现危险，提高生存的概率。

锦衣巨无霸
库氏砗磲

外套膜能散发出七彩光泽的双壳类

以貌取人，永远是可笑的。看起来巨大又粗糙的外壳下，有着五光十色的心。

贝壳：巨大而厚重的外壳可以很好地保护砗磲的软体部分。

砗磲的名字来源于它贝壳的外形，外壳表面是凹凸不平的，古人认为非常像车轮留下的痕迹，所以将其称为"车渠"。

砗磲也可以产生珍珠，并且产生的珍珠巨大，最大的一颗其重量达到了34千克。

砗磲还有一个名字是"食人蛤"，古人认为它的贝关闭的时候可以把人夹死。实际上成年砗磲闭合时候的速度非常之缓慢，它一般仅能靠喷出的水流尝试赶走攻击者。

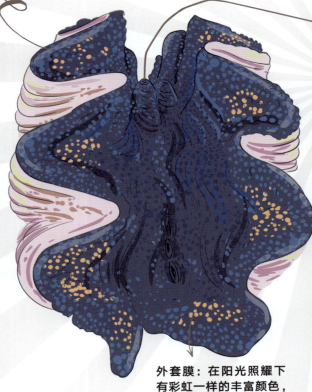

外套膜：在阳光照耀下有彩虹一样的丰富颜色，非常艳丽夺目。

拓展百科

1. 虾夷扇贝（扇贝）：有巨大的闭壳肌，可以通过张合贝壳借力游泳，以此躲避海星的攻击。

2. 日本文鸟蛤（鸟贝）：斧足异常发达，遇到危险可以用这条腿支棱起来逃跑。

3. 太平洋潜泥蛤（象拔蚌）：在海底泥地挖个洞，藏在里边，只露出水管滤食海洋中的有机碎屑。

4. 船蛆：船蛆的贝壳退化成为盾构机一样的结构，可以用来挖木头并藏在里边。它们看起来很像蠕虫，但其实是一种贝类。

5. 牡蛎：牡蛎把自己粘在岩石上，几乎和岩石融为一体。

各种奇特的贝类

牡蛎

虾夷扇贝

日本文鸟蛤

船蛆

太平洋潜泥蛤

水管：有两条，一条吸水，一条喷水。一条将水吸入体内留下有机质和氧气，另一条将废水喷出。

| 俗 名：大砗磲、五爪贝 |
| 拉丁学名：*Tridacna gigas* |
| 栖 息 地：热带珊瑚礁浅海区。 |
| 习 性：体形最大的双壳类软体动物，生活在珊瑚礁的缝隙中。 |

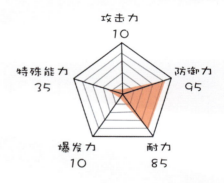

攻击力
10

特殊能力
35

防御力
95

爆发力
10

耐力
85

137 cm

砗磲中最大的种类是大砗磲，也被称为库氏砗磲。其中最大的宽度达到了137厘米，重量超过了230千克。大砗磲的寿命可以达到100岁以上。

砗磲刚出生的时候在海洋中浮游生活，随后会落在珊瑚礁等物体上开始固着生活。它会先将自己粘在礁石上，随后分泌物质将固着物慢慢腐蚀，将自己塞入其中，很多野生的砗磲看起来像是从珊瑚中长出来的。

奇行种是名门正派中人对奇行教高手们的蔑称，它们试图用这种方法掩饰自己对于奇行教高手的恐惧。别的门派使用武器无非是刀枪剑戟十八般兵器，而奇行教高手们的武器都是闻所未闻、见所未见的，什么能夹断钢筋的大钳子、能打碎花岗岩的巨锤、装在鼻子上的大角……

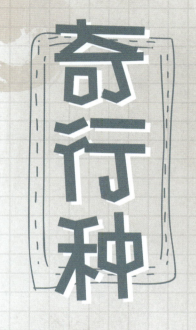

奇行种

出其不意 方能制胜

青甲螯将
中华绒螯蟹

被称为河蟹的海洋蟹类

它身披青甲，挥舞着双钳，
八脚横行，惊起一池鳅鱼。
水草中、沙石下，处处
都有它们的身影！

大闸蟹、河蟹、毛蟹、其实叫得都是一种螃蟹，它的中文正式名是中华绒螯蟹。在我国分布非常广泛，从南到北很多省份的江河湖泊中都可以找到它们的身影。

母蟹的蟹脐上有附肢，便于在繁殖期将受精卵抱住，等卵即将孵化的时候将其释放到海水中。

眼睛：带柄的眼睛，可以藏在壳的凹陷处得到保护。

分辨螃蟹的性别很容易，我们只要看看它的肚子就可以知道它是公的还是母的了。公蟹腹部的蟹脐是狭长的，俗称尖脐；而母蟹的蟹脐则是圆形的，俗称团脐。

脐：腹部。尖的是公蟹，圆形的是母蟹。

长长的八条腿，非常善于快速爬行。

大闸蟹的一生

　　母蟹将卵产在海中，漂浮一段时间后卵孵化为溞状幼体，之后发育为大眼幼体，此时它们都在海中营浮游生活。经历多次蜕皮以后，才变成螃蟹的样子，再顺着河流游到父母栖息的湖泊、水塘中，并在此生活、长大，直到发育成熟后再次启程，洄游至河流入海口繁殖。而鲑鱼和大闸蟹正好相反，它们洄游到自己出生的溪流中产卵，卵孵化以后的幼鱼洄游到大海中成长，成年以后再返回出生地繁殖。动物的这种行为被我们称为"生殖洄游"。

螯：一对特化的足。大螯上长有茂密的绒毛，绒螯蟹的名字就是因此而来的。是捕食和防卫的利器。

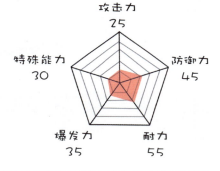

攻击力 25
防御力 45
耐力 55
爆发力 35
特殊能力 30

很多虾蟹的壳中富含虾青素，大闸蟹也不例外，虾青素在遇热以后会变成橙红色，因此熟了的大闸蟹就变红了。

俗　　名：河蟹、河螃蟹、大闸蟹
拉丁学名：*Chinese Mitten Crab*
分布地区：东亚
栖 息 地：河流、湖泊、湿地。
习　　性：在淡水中成长发育成熟后洄游至河流入海口产卵。卵孵化后经过溞状幼体、大眼幼体等阶段发育成幼蟹再洄游到父母成长的湖泊湿地中。

海中小元霸
蝉形指虾蛄

眼睛：眼睛长在眼柄上，很大且视力非常好。

螳螂虾的复眼很发达，有长长的眼柄，不仅视野范围非常大，而且可能拥有动物界最复杂的颜色感觉系统。

掠足：由虾蛄口边的第二对颚足特化而来，用来捕捉猎物。

虾蛄虽然名字里有个虾字，但并不是真正的虾，而是属于甲壳动物中的另一个类群——口足目。这一类群最大的特点就是第二对颚足特化为捕捉足，也被称为掠足。掠足平时折叠收在口侧，发现猎物进入攻击距离后用前肢将猎物击毙。因其与陆地上生活的螳螂有几分神似，也得了个螳螂虾的俗称。蝉形指虾蛄也被称为"雀尾螳螂虾"或"七彩螳螂虾"。

游泳足：腹部的足用来游泳，同时用来呼吸的鳃，也在这里。

世界上的虾蛄种类有180多种，不同种类的虾蛄掠足的形状各异，但大体分为两个流派——"刺穿型"和"粉碎型"。刺穿型螳螂虾普遍以各种鱼虾等身体柔软的猎物为食，粉碎型虾蛄的掠足则像两柄大锤，它们更倾向于捕食有着坚硬甲壳并且行动较慢的猎物。

奇行种

96

俗　　名：七彩螳螂虾
拉丁学名：*Odontodactylus scyllarus*
分布地区：印度洋、太平洋
栖 息 地：亚热带及热带浅水区的海底泥沙、礁岩或珊瑚礁缝隙中。
习　　性：非常凶猛的掠食者，喜欢吃各种甲壳类和贝类。

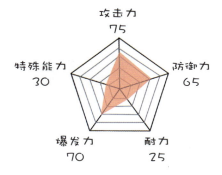

攻击力
75

防御力
65

耐力
25

爆发力
70

特殊能力
30

尾巴：虾蛄的尾部甲壳非常坚实，像盾牌一样。

虾蛄一般选择藏身在珊瑚礁的缝隙中或在沙地上挖洞生活，平时就隐藏在其中等待猎物路过再突然出击。很多虾蛄的领地意识非常强，如果有同类侵入也会倾尽全力将其赶走。

拓展百科

各种"皮皮虾"

口虾蛄

口虾蛄：最常见的一种虾蛄，又被称为"皮皮虾"、"濑尿虾"、"虾爬子"等。

棘突猛虾蛄

棘突猛虾蛄：又叫富贵虾，有成年人的小臂那么长。

斑琴虾蛄

同样体形巨大的斑琴虾蛄

日本齿虾蛄

日本齿虾蛄：颜色非常粉嫩，被网友戏称为"粉红牛郎"。

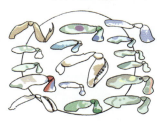

不同虾蛄的掠足

园艺精灵
寻常卷甲虫

触角：寻路探道的主要感觉器官。

眼睛：由于大多数时间生活在光线较弱的环境，眼睛比较小，视力也相对较差。

体节上的甲壳之间有软组织连接，前后能相互覆盖，遇到危险能卷成一个球，达到 360° 无死角全向防御。

奇行种

寻常卷甲虫有一个特殊的习性，它们若是在前进时遇到障碍，会先向一边转向，再次碰到障碍时会向另一边转向，（比如先向左转，再向右转）这种行为被称为"交替转向反应"，人们推测这种习性可能有助于它们躲避天敌。

寻常卷甲虫和常见的潮虫、鼠妇是近亲，和螃蟹、虾姑也算是一个家族中的生物，它们同属于甲壳类。

形形色色的等足目生物

巨大深水虱

体形最大的等足类生物，体长能够达到 40 厘米。

缩头鱼虱

在鱼类身上过着寄生生活，会钻到鱼的嘴里吃掉鱼的舌头，在鱼嘴里取代鱼舌头的功能。

海蟑螂

在海边潮间带非常常见的生物，经常聚成一大群，跑得特别快。

潮虫

不会卷成球的西瓜虫，尾肢比较长。

寻常卷甲虫的雌性会利用位于第 2～5 对胸节的育卵囊将卵随身携带直至幼虫孵化。

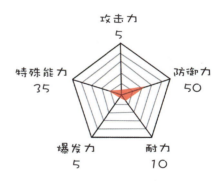

攻击力
5

特殊能力
35

防御力
50

爆发力
5

耐力
10

寻常卷甲虫喜欢生活在不太潮湿的阴暗环境。它们是杂食动物，植物组织、死去的动物都是它们的食物，这种食谱让它们可以清理自然界中的各种有机物残骸，对改善土壤环境有很重要的意义。

俗　　名：西瓜虫、球潮虫、球鼠妇
拉丁学名：*Armadillidium vulgare*
栖 息 地：草地、林地、灌木丛等地的枯枝腐叶下、石块下、土壤中等潮湿阴暗的地方。
习　　性：杂食，吃各种植物根、茎、嫩叶或其他生物的尸体等。

赛梁兴
双叉犀金龟

长着巨大的特角，力大无穷的甲虫

树林中藏龙伏虎，是英雄辈出之地。

有位大侠，力大如牛、身披重甲，

靠着一柄钢叉杀出了赫赫威名。

绝大多数昆虫都有两对翅，独角仙的第一对翅演化为坚硬的"甲壳"，这种类型的翅被称为"鞘翅"，全世界目前已经命名的甲虫有40多万种，是动物界中的第一大类群。

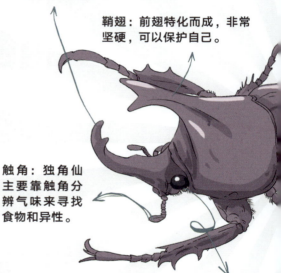

大角：雄性特有的，用来打架的工具。

鞘翅：前翅特化而成，非常坚硬，可以保护自己。

触角：独角仙主要靠触角分辨气味来寻找食物和异性。

眼睛：独角仙的眼睛不大，视力不佳。

如果雄性相遇后，它们会全力驱赶对方，一般双方都用脚紧紧地抓住树干，想办法把大角插到对方身下，然后猛地一抬头，把对手掀翻。

独角仙雄虫的头部长着一个叉状大角，而雌虫则没有角。这种雌雄个体有很大差别的现象被我们称为"性二型"现象。

独角仙幼虫生活在土壤里，以腐殖质为食；成虫则以含糖量较高的树汁为食，比如柳树、栎树、核桃树等树木的表皮受损后，就会流出树汁，独角仙会用梳子一样的口器去舔食树汁。

足：独角仙的腿非常有力，尖端像钩子一样，在爬树时可以紧紧抓住树皮。

俗　　名：独角仙
拉丁学名：*Allomyrina dichotoma*
栖 息 地：树林、灌木丛。
习　　性：昼伏夜出，白天会在隐蔽处躲藏，天黑后出来活动，喜欢舔食壳斗科植物伤口的树汁。

拓展百科

性二型的各种动物

锹甲

中国扁锹雄虫的大颚非常发达，是炫耀和与同性打斗的武器。而雌性的大颚虽然小，但尖利且有力，方便破开树皮产卵。

大猩猩

大猩猩雄性的体形比雌性大很多，是群体的首领，会在群体有危险时挺身而出保护群体的成员。

横间鳄

雄性的横间鳄上颚尖端长有一个球型的赘生物，这个器官可以在发情期通过共鸣发出声响，吸引雌性。

孔雀

雄性绿孔雀尾上覆羽，非常艳丽，还会"开屏"吸引雌性。

狮子

雄狮头部长有鬃毛，看起来非常威武雄壮。

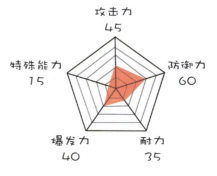

攻击力 45
特殊能力 15
防御力 60
爆发力 40
耐力 35

长脚恶魔
椰子蟹

最大的陆生无脊椎动物

海的另一端，那些星罗棋布的孤岛上，海鸟之间有一个恐怖的传说。

"哪怕在最深的黑夜中，也要时刻保持警惕。

因为黑暗中潜藏着青色的恶魔，会将粗心大意的小孩掳走。"

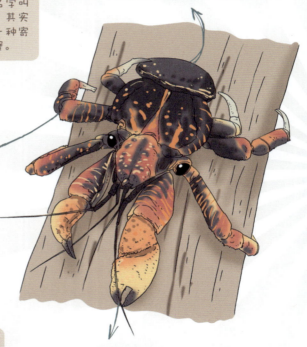

椰子蟹虽然名字叫蟹，其实是一种寄居蟹。

外壳：十分厚重，能够很好地保护自己。

步足：有六条腿且腿很长，可以轻松爬树。

螯肢：力量大到可以打开椰子。

椰子蟹的螯肢力量非常大，产生的夹力甚至可以达到3000牛顿媲美狮子的咬合力。

椰子蟹的名字来源于它们会吃椰子。椰子蟹是爬树高手，能够用脚勾住树干爬到树顶，用螯肢将椰子撕开。但它们打开一个椰子可能需要花费几天的时间。

　　这些动物虽然长得都是一副"螃蟹样"，但除了蛙形蟹之外都不是真正的螃蟹，只能算螃蟹的亲戚。它们的祖先都有着和虾类似的模样特化了腹部，有比较长的身体和"尾巴"，但在演化的过程中将背甲横向拉伸，身体变得愈加扁平，这种现象被称为"蟹化"。研究者认为，螃蟹型或许是最适合甲壳类生物生活的。

蛙形蟹　　寄居蟹　　瓷蟹　　铠甲虾　　石蟹

椰子蟹是最大最重的陆生节肢动物，体重甚至可以超过5千克，寿命可能达到60年。

椰子蟹是杂食动物，找到什么就吃什么，虽然它们更爱吃肉，但一般只能捡腐肉吃。科学家在一些海岛上观察到椰子蟹还会攻击一些海岛的鲣鸟。

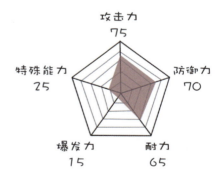

攻击力 75
防御力 70
耐力 65
爆发力 15
特殊能力 25

俗　　名：八卦蟹
拉丁学名：*Birgus latro*
栖 息 地：海岛的林地、灌木丛、湿地。
习　　性：最大的陆生节肢动物，杂食性，善于爬树，甚至可以捕捉海鸟幼鸟。

神行太保
金斑虎甲

行动速度快到自己都看不清路的小甲虫

当它全速奔跑起来，风都追不上它的速度，雨点也无法落在它的身上，甚至它自己都会因为太快而"晕车"。

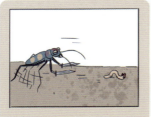

虎甲虽是一类小型甲虫，却是非常厉害的一种掠食性昆虫，有发达的上颚以捕捉别的小虫。

金斑虎甲的复眼很大，视力极佳。虎甲全速奔跑时，它们甚至会因为太快而看不见路，这时它们就只能跟着感觉跑，所以虎甲会跑一段距离就停下来观察，然后接着跑。

上颚：非常发达，是捕食的利器。

复眼：复眼很大，视力极佳。

虎甲的体表有细小的凸起和凹陷的结构，光照在上面时根据反射角度的不同我们看到的颜色也就不同，这种颜色被称为"结构色"。

鞘翅：鞘翅和身体在阳光的照耀下有金属光泽。

步足：三对步足修长。

104

名字里带虎的动物

虎鱼

虾虎

蟹虎

巨狗脂鲤：有巨大且锋利的牙齿，人们俗称"虎鱼"。

虾虎是一类小型鱼类的统称。

中华乌塘鳢：俗称蟹虎，人们觉得它长得和虾虎有点儿像，但体形更大，虾虎吃虾，吃鱼，也会吃蟹，而且传说它会把尾巴伸到蟹洞里，等螃蟹夹住以后猛地一甩将螃蟹钓出来吃掉，后被证实是误传。

蝇虎

壁虎

蝇虎是一类小型蜘蛛的统称，善于捕捉蝇类。

壁虎：路灯、墙壁上经常能看到的小型爬行动物，以各种昆虫为食。脚趾有特殊的结构能够吸附在墙壁上，让其有飞檐走壁的能力。

虎头蜂

蜂虎

金环胡蜂：俗名虎头蜂，体形大，性情凶猛，会捕食各种昆虫。

栗头蜂虎：蜂虎是一类鸟的统称，因为喜欢吃各种蜂类而得名。

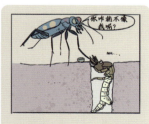

虎甲长得特别好看，但它的幼虫却是个难看的大肉虫子。幼虫会在地上挖掘洞穴，将自己藏在里边捕捉路过的其他小虫。

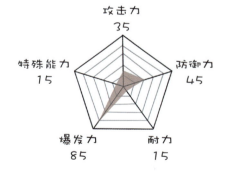

攻击力
35

特殊能力
15

防御力
45

爆发力
85

耐力
15

俗　　名：引路虫、骆驼虫（幼虫）
拉丁学名：*Cicindela aurulenta*
栖 息 地：林地、灌木丛。
习　　性：行动敏捷而迅速，会在空旷地带快速移动，捕捉其他小型昆虫为食。

这一教派尤其擅长参悟，别家武功都是师傅教徒弟，而冥修教高手的武功都是靠自己多年参悟而得，这也使得这些武功和别的门派整派较为统一的风格大不相同，突出一个天马行空，五花八门。有用膝盖喷射毒液的，有能把胃吐出来腐蚀敌人的，还有能钻到对手身体里操控对方大脑的……

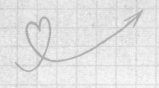

冥修教

循规蹈矩终究无法突破自己极限，

我们偏不走寻常路

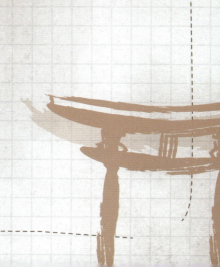

七星奇侠
七星瓢虫

遇到危险会用膝盖喷射
有苦味液体的小甲虫

　　身披霞红色的衣裳，背着七颗
闪亮的星星；
　　从南飞到北，从下爬到上；
　　它们是爱吃蚜虫的小可爱，
　　是庄稼园艺的保卫者。

七星瓢虫起飞的时候会先爬到最高点。

瓢虫的鞘翅圆润且光滑，让敌害很难抓住，和瓢虫体形相仿的昆虫几乎都拿瓢虫没什么办法。

身体：因像一个瓢而得名。

斑点：身体的花纹和斑点是区分多数瓢虫种类的重要特征。

步足：瓢虫的腿比较短小。

冥修教

108

拓展百科

那些冒牌的瓢虫

伪瓢虫

龟甲

萤叶甲

甲蝇

拟瓢蠊

很多昆虫与瓢虫相似，不仅包括同为甲虫的伪瓢虫、龟甲和萤叶甲等，还有些苍蝇和蟑螂如甲蝇和拟瓢蠊等。虽然乍一看之下它们很相似，但若是仔细观察它们的触角，就能发现它们各自种族的典型特征。

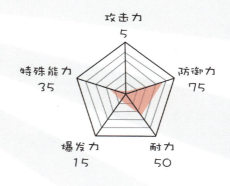

攻击力
5

特殊能力　　　　　　　防御力
35　　　　　　　　　75

爆发力　　　耐力
15　　　　50

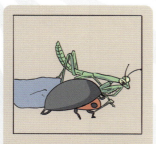

七星瓢虫还会一手"绝技"：它能从腿部关节内分泌出一种黄色、有刺激气味的液体（异丙基甲氧基吡嗪），能让鸟类或螳螂这样的捕食者对它敬而远之。

俗　　　名：花手绢、花大姐
拉丁学名：*Coccinella septempunctata*
分布地区：欧洲、亚洲
栖 息 地：树林、草地、灌木丛。
习　　　性：会在植物的茎、叶上寻找并捕食诸如蚜虫、蚧壳虫等小型昆虫。

五臂大胃魔
多棘海盘车

能把胃吐出来消化
猎物的奇特生物

对蛤蜊而言，
它们是恐怖的梦魇，
是可怕的流着酸液的腐
蚀怪。

海星的身体下方有大量的管足。海星就是依靠这些管足支撑起自己的身体，并在海底前进的。管足末端有吸盘，可以吸附在岩石表面。

多棘海盘车是最常见的一种海星，我们熟悉的生物身体大多数都是左右对称的，但海星和很多棘皮动物的身体是呈五辐对称。

身体：很多海星的身体呈五辐对称。

管足：海星通过众多细小的管足支撑身体和行动。

口：位于身体的下部，可以将胃吐出来消化食物。

肛门：位于身体上部正中央的开口。

冥修教

110

纤毛幼虫
羽腕幼虫
短腕幼虫

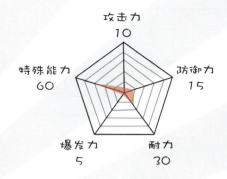

攻击力
10

特殊能力
60

防御力
15

爆发力
5

耐力
30

海星的生长发育要经历"变态"的过程，经历纤毛幼虫、羽腕幼虫、短腕幼虫的阶段后，短腕幼虫会沉入海底，这时它身体的一侧会长出一个"小海星"，而当小海星发育成熟就会和短腕幼虫分离，而短腕幼虫渐渐死去。

俗　　名：海星、星鱼
拉丁学名：*Asterias amurensis*
分布地区：太平洋
栖 息 地：温带海域底层泥沙或礁岩。
习　　性：利用腕足上数量众多的微小触手爬行，取食各种生物，最爱吃蛤蜊。

拓展百科

海星和它的家人们

棘冠海星

海蛇尾

筐蛇尾

紫海胆

棘冠海星：有多条触手，身上长满长刺的海星，会啃食珊瑚。

海蛇尾：像营养不良的海星，腕可以弯曲。

筐蛇尾：海蛇尾的一种，但触手分叉多到离谱。

紫海胆：身体上长满了尖刺。

沙币

海百合

海羊齿

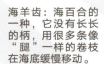

海羽星

沙币：一种海胆，形扁样，像古代的钱币。

海百合：有个长长的柄将身体固定在海底，将很多腕伸出，当海水流过时滤食其中的有机碎屑，看起来像一朵花。

海羊齿：海百合的一种，它没有长长的柄，用很多条像"腿"一样的卷枝在海底缓慢移动。

海羽星：海羊齿的一种，它已经不满足于在海底行走，而是利用羽肢拍打海水游行。

金翼蝶王
黑脉金斑蝶

昆虫的口器是由头部的附肢演化而成的，蝶蛾等昆虫的虹吸式口器是专门为了吮吸花蜜演化而成的，平时像发条一样卷起来以节省空间，进食的时候可以深入花中将花蜜吸出来。

黑脉金斑蝶体表黑白相间，非常醒目。幼虫体色则是黑黄白相间，这也是一种警戒色。幼虫以马利筋的叶子为食，并将马利筋中的强心苷等毒素储存在体内为自己所用。

翅膀：面积很大，能够长距离飞行。

黑白色斑点：告诉别人自己有毒不好吃。

口器像一个发条。

翅膀上的鳞片：美丽翅膀颜色的缘由。

冥修教

俗　　名：浮蝶儿
拉丁学名：*Danaus plexippus plexippus*
分　　布：广泛。会随着气候因素迁徙。
栖息地：森林。
习　　性：能够进行上千千米迁徙的昆虫。

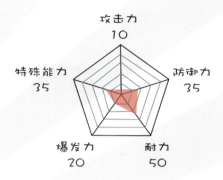

攻击力
10

特殊能力
35

防御力
35

爆发力
20

耐力
50

蝴蝶飞行的最高速度能达到50千米/小时，黑脉金斑蝶的一个亚种会进行长距离迁徙，迁徙距离超过5000千米。蝴蝶们会在迁徙途中繁殖，整个迁徙过程是经过几代蝴蝶繁衍的。在蝴蝶的越冬地，一些大树上会落满蝴蝶，非常壮观。

蝴蝶和蛾子都被称为鳞翅类，在它们的翅膀上排列着很多密密麻麻的鳞片，有调节温度、迷惑天敌的作用。

拓展百科

不同昆虫的口器：咀嚼式、刺吸式、舐吸式、嚼吸式

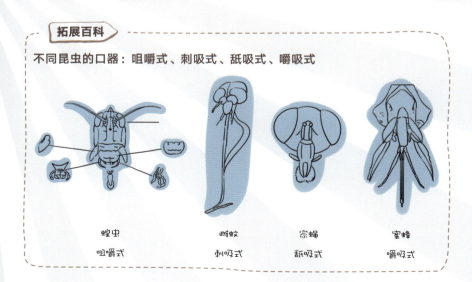

蝗虫
咀嚼式

雌蚊
刺吸式

家蝇
舐吸式

蜜蜂
嚼吸式

勤劳者
德州芭切叶蚁

会自己"耕种"
的蚂蚁

在任何时代，
勤劳的工作者
都值得被尊敬。

因为生活在黑暗的地下巢穴，所以每天使用信息素和气味等"化学语言"交流。蚂蚁一般通过触角感知周围的气味，其中切叶蚁还会通过摩擦身体不同的部位发出声音来进行交流。

蚁群中的蚂蚁会有体形分化，不同体形的个体会有不同的工作。

触角：蚂蚁的触角总是在挥来挥去。

不同大小的个体，肩负着不同的使命。

巨大的上颚：像剪刀一样，锋利到可以切下叶片。

冥修教

114

蚂蚁的各种奇闻异事

红火蚁：原产南美的外来入侵物种。在遇到大水的时候，工蚁会咬着同伴的腿共同织成一艘"诺亚方舟"，让蚁后和其他工蚁乘坐在上边，等大水退去再重建巢穴。

斗士悍蚁：一种会蓄奴的蚂蚁，它们会攻击掘穴蚁、红林蚁、日本黑褐蚁等蚂蚁的巢穴，抢劫巢穴内的蚁蛹，将其带回自己的巢穴。待蛹羽化后，这些蚂蚁会为斗士悍蚁工作，做清理巢穴、哺育幼虫等杂活。

一些蚂蚁甚至学会了"放牧"。蚜虫、蚧壳虫等吸食树汁的昆虫会排泄含糖的"蜜露"，一些蚂蚁就将这些昆虫保护起来，专门收集它们的蜜露食用。

刻纹棱胸蚁是一种可以进行孤雌生殖的蚂蚁，它们的群体中没有蚁后，绝大多数卵都是年轻工蚁产出，而年老的工蚁一般负责外出觅食。

攻击力
35

特殊能力　　　　　　防御力
25　　　　　　　　　　30

爆发力　　　耐力
20　　　　　　65

切叶蚁会将树木的叶子切下来带回巢穴中，待其发酵变成适合种植真菌的"培养基"之后在上面种植真菌食用。

俗　　　名：伞蚁、真菌蚁
拉丁学名：*Atta texana*
栖　息　地：热带亚热带丛林边缘地带。
习　　　性：会用大颚将树叶剪成小块带回蚁巢用于培育真菌，并将真菌作为食物。

袖里藏剑
栉蚕

看起来无害，但能喷出"胶水"的群居小虫

看似人畜无害的缓步行者，
也许会在你不注意的时候射出两支带有剧毒的袖剑。

栉蚕虽然行动迟缓，看起来非常柔软，但头两侧的口乳突中有腺体，可以喷出带黏性的液体，黏住猎物。

眼：看上去不大，但视觉还不赖（相对于其他蠕虫而言），能够判断猎物的位置和距离。

触角：栉蚕的触觉器官。

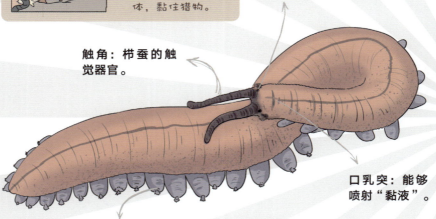

口乳突：能够喷射"黏液"。

足：不同种类足的数目不同，有 13 ~ 43 对不等。

栉蚕嘴里有一对锋利的齿。当猎物被粘住后，栉蚕会向猎物体内注入含有消化酶的唾液，将其部分组织融化以方便进食。

栉蚕产生的"胶水"会存在体内备用，当体内的"胶水"消耗殆尽时，需要花费很长时间来生产它们。

冥修教

栉蚕：有爪动物，属于远古异虫类的一个分支末裔。异虫动物在寒武纪曾经很繁盛，发展出占据多种生态位的很多长相各异的种类。比如生活在寒武纪中期的怪诞虫，它的名字似乎就已经向大家说明了它是如此的奇怪，让古生物学家分不清它的上下和前后。经过越来越多的同类化石发现，古生物学家们才发现以前认为是脚的器官，其实是生长在背上的尖刺。它们可能会在海底缓慢地行走，以各种有机碎屑为食，当遇到危险的时候可能会将身体卷起来，用背上的尖刺防御。

怪诞虫的最新复原图

远古异虫类复原图

但是在寒武纪之后，异虫动物在与环节动物、软体动物、节肢动物等类群的生存竞争中生存空间逐渐被挤压，数量变得非常稀少，直到石炭纪晚期便完全消失。但是其中有一支异虫，也就是栉蚕的祖先，在石炭纪晚期选择了登上陆地，并在陆地上生存至今，而这 3.6 亿年来它们的身体几乎没有什么变化。

栉蚕属于"有爪动物"，是一个很小的门类，目前已经发现 180 多种。

攻击力 15
特殊能力 65
防御力 10
爆发力 10
耐力 15

俗　　名：天鹅绒虫
拉丁学名：*Oroperipatus ecuadoriensis*
栖 息 地：雨林的落叶层。
习　　性：在潮湿阴暗的雨林底层落叶间徘徊搜索，当发现合适的小动物后会喷出特殊的黏液将其粘住，再爬过去吃掉对方。

有一种栉蚕是社会性动物，会十几只聚集到一起生活，以体形最大的雌性为群体中的首领。

栉蚕有个俗名——天鹅绒虫，因为它身体表面的质感看起来和天鹅绒非常相似。

江湖活化石
文昌鱼

远古小"鱼"

被嘲笑为没头脑，
但可能是人类老祖宗的远亲。

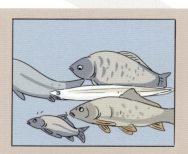

文昌鱼喜欢钻入海底的沙中，将身体前端的"头"露出来一些滤食海水中的有机物。它们对于海水的盐度、温度、水流速度、风浪大小要求很高，并且不能有污染，有一项不达标它们就会搬家。

在 20 世纪 50 年代以前，厦门文昌鱼的产量可以达到每年上百吨。但是由于很多原因，文昌鱼现在已经成为了濒危物种，目前是国家二级保护动物。

脑泡：文昌鱼没有真正意义上的头和大脑，只有神经管最前端内腔稍微膨大，被称为脑泡。

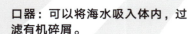

眼点：文昌鱼没有真正意义上的眼，只有感觉光线强弱的眼点。

触须：有触觉和嗅觉的器官。

口器：可以将海水吸入体内，过滤有机碎屑。

拓展百科

脊索动物主要类群：头索动物、尾索动物和脊椎动物

代表种类

头索动物：文昌鱼

尾索动物：海鞘

脊椎动物：鱼类

文昌鱼：脊索贯穿全身，没有真正的头，钻入海底沙地滤食。

海鞘：固着滤食，幼体尾部有脊索，故称为尾索动物，成体脊索逐渐消失。

鲫鱼：体内有由脊索演化而来的脊椎，中枢神经前端扩大为大脑，后方分化出脊髓。可以自由游泳觅食。

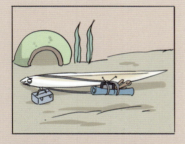

文昌鱼虽然名字里有个鱼字，但不是真正的鱼，属于头索动物，属于鱼类的远亲。

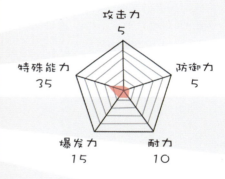

攻击力
5

特殊能力
35

防御力
5

爆发力
15

耐力
10

脊索：在身体中间，就像一根有弹性的棒子。

俗　　名：蛞蝓鱼、海虫、松担物、无头鱼、鳄鱼虫

拉丁学名：*Branchiostoma belcheri*

栖 息 地：热带、亚热带泥沙质海底。

习　　性：会将身体埋在海底的沙中，露出身体前半端，利用口器吸入海水，滤食其中的浮游生物、有机碎屑等。